Über die
Bewegungen der Beggiatoaceen und Oscillatoriaceen
II. Mitteilung

Habilitationsschrift
durch welche mit Zustimmung der
Hohen Philosophischen Fakultät
der Universität Leipzig
zu seiner
am Donnerstag, den 24. Oktober 1929, 12—13 Uhr
im großen Hörsaal des Botanischen Instituts der Universität
zu haltenden Probevorlesung:

„Über Reizleitung bei Pflanzen"

ergebenst einladet

Dr. phil. Hermann Ullrich

Sonderabdruck aus
„Planta" Archiv für wissenschaftliche Botanik. Bd. 9, Heft 1

Springer-Verlag Berlin Heidelberg GmbH
1929

ISBN 978-3-662-40530-7 ISBN 978-3-662-41007-3 (eBook)
DOI 10.1007/978-3-662-41007-3

Zur Einführung.

Schon lange haben Botaniker und Physiologen versucht, den eigenartigen Bewegungsvorgang fadenförmiger niederer Organismen aufzuklären, der in einem gleichmäßigen Gleiten der vielzelligen Organismen besteht. Besonders zwei Gruppen zeichnen sich durch die Lebhaftigkeit ihrer Kriechbewegungen aus, nämlich die farblosen Beggiatoaceen und die grünlich gefärbten Oscillatoriaceen. Bei der Größe einiger hierher gehöriger Formen ist es verwunderlich, daß man normalerweise im Mikroskop nichts über die Ursachen dieser Bewegungen ermitteln kann. Alle bisher entwickelten Anschauungen über die Mechanik der Bewegungsvorgänge sind deshalb als reine Hypothesen zu kennzeichnen. Nach SCHMID (1918, 1921, 1923) sollen Kontraktionswellen die Oscillarienfäden durchwandern, was die Fortbewegung zur Folge hat. Diese Annahme besaß seither die größte Wahrscheinlichkeit. Es fehlte nur noch am exakten Nachweis der Kontraktionen selbst, um ihr den Hypothesencharakter zu nehmen.

Bereits in einer früheren Mitteilung hat nun der Verfasser (ULLRICH 1926) über Untersuchungen berichtet, die diese SCHMIDschen Gedankengänge zum Ausgangspunkt wählten. Mit Hilfe mikrokinematographischer Aufnahmen können an den großen Zellen der *Beggiatoa mirabilis* Gestaltsänderungen nachgewiesen werden, die rhythmisch auftreten und in benachbarten Zellen verschiedene Phasen durchlaufen. Ausmessungen lassen diese Erscheinungen zwar erkennen. Doch sind die Größenänderungen oft noch im Bereiche der Fehlergrenze gelegen. Deshalb ist diesem Untersuchungsverfahren für unsere Frage nur Bedeutung beizumessen, wenn der Nachweis rhythmischer Veränderungen auch auf anderem Wege möglich ist. Das gelingt durch Betrachtung aufeinanderfolgender Filmbildchen im Stereoskop. Dabei scheinen dem Beschauer alle lagekongruenten Stellen der betrachteten beiden Filmbildchen in einer Bildebene zu liegen, alle nicht lagekongruenten Stellen dagegen vor oder hinter dieser. Wenn man also zwei Kopien der gleichen Aufnahme betrachtet, kommt keine Tiefenwirkung zustande. Kombiniert man aber zwei aufeinanderfolgende Bilder eines Kontraktionsvorganges, so kommen räumliche Wellenzüge zur Perzeption, die jedoch mit der wahren Welle keineswegs übereinstimmen, sondern in komplizierter Weise von ihr abhängen. Bereits ohne Analyse dieser Beziehungen zwischen wahrer und scheinbarer Welle ist es möglich, allein aus dem Auftreten räumlicher Wellenzüge im Stereoskop den einwandfreien Nachweis zu führen, daß in einem kriechenden *Beggiatoa*-Faden Kontraktionswellen auftreten.

Die folgende Abhandlung hat zur Aufgabe, über solche Untersuchungen an *Oscillatoria sancta* (var. *caldariorum*?) zu berichten, sowie eine Reihe anderer Beobachtungen zur Klärung des Bewegungsvorganges dieser Organismen und einiger anderer *Oscillatoria*-Arten mitzuteilen.

I. Nachweis und Analyse von Longitudinalwellen durch Betrachtung von Filmbildern im Stereoskop.

a) Einleitendes.

In der vorhergehenden Veröffentlichung war bereits mitgeteilt worden, daß es gelingt, die stereoskopischen Tiefeneindrücke aus zeitlich verschiedenen Filmbildern graphisch darzustellen, und zwar als Projektionen der scheinbaren Fadenkrümmung auf die Ebene des Augenhorizontes. Zu diesem Zwecke kann eine willkürliche Einheit als Maß des Tiefeneindrucks angenommen werden. Insgesamt etwa acht solcher Einheiten umfassen den ganzen Bereich, in den die Tiefeneindrücke fallen. Mit der Registrierung beginnt man zweckmäßig unter beiderseitigem Vorrücken von Bild zu Bild immer an der gleichen Querseptedes Fadens. Man kann diese Bildwand stets als Ausgangspunkt der Zählung wählen und mit Null bezeichnen. Dann fallen aber die Schwerpunkte der Linienzüge, die sich durch Verbinden der Punkte ergeben, nie auf eine Gerade, die man als Abszisse im Diagramm bereits vor der Registrierung festlegen könnte. Für die Auswertung aufeinanderfolgender Kurven ist aber ein annähernd gleicher Abstand der Schwerpunkte aus technischen Gründen erforderlich. Darum ist es notwendig, entweder rechnerisch oder graphisch auf gleichen Abstand der Schwerpunkte hinzuarbeiten. Am einfachsten ist es deshalb, bei jeder neuen Bildkombination die untersuchende Person zu veranlassen, von vornherein die Schwerpunktslage *abzuschätzen* und dementsprechend die Lage der ersten Septe sogleich als +x-Einheiten hinter, bzw. —x-Einheiten vor der Schwerpunktslinie anzugeben. Der Protokollführer ist dann in der Lage, das Diktat der Punktlagen sofort auf Millimeterpapier einzutragen, wobei der Abstand der Punkte in der Frontalebene mit beliebiger Einheit, aber stets gleich groß angenommen wird.

Man arbeitet also *ohne* absolutes Maß. Dafür wird als *relatives* Maß der Längsdurchmesser der jeweiligen Zelle gewählt. Darauf sind alle Aussagen bezogen. Nur so konnte ich die großen Schwierigkeiten umgehen, die durch ein Arbeiten mit den absolut verschiedenen Zelldurchmessern in die gesamte Analyse der Filmaufnahme hineinkommen würden.

b) Die physiologisch-optischen Beziehungen zwischen den Tiefeneindrücken und den Vorgängen im Objekt.

1. Bei der stereoskopischen Betrachtung zweier Filmbilder auf die eben beschriebene Weise kommen Tiefeneindrücke nur zustande, wenn die Abstände der Mitten zweier benachbarter Quersepten sich von dem ersten Bilde zum zweiten geändert haben, wenn also für die Punkte Querdisparation besteht. Ist dagegen keine Abstandsänderung auf dem folgenden Bilde zu verzeichnen, so liegen die beiden Septen in einer der Frontalebene parallelen Ebene. Mithin kennzeichnen sich in den Stereokurven (wie ich kurz die Linienzüge nennen will, die sich durch geradlinige Verbindung der Projektionspunkte ergeben) die Stellen, in denen *keine Änderung* der Wandabstände von Bild zu Bild aufgetreten ist, durch *Parallelität zur Abszissenachse* unseres Bezugssystems.

2. Die Fälle, in denen zwischen zwei aufeinanderfolgenden Bildern Abstandsänderungen auftreten, können sich stereoskopisch in zweierlei Weise ausprägen:

α) Am leichtesten verständliche Eindrücke ergeben sich, wenn die Abstände zwischen den Septen annähernd gleichmäßig größer oder kleiner geworden sind. Dann erscheint im Raumbilde immer eine Septe weiter entfernt oder näher gerückt als die vorhergehende. Für die Beziehungen zwischen dem wahren Verhalten der Septenabstände und der „Stereokurve" ergibt sich daraus eine wichtige Folgerung: Innerhalb eines Bereiches, in dem die Stereokurve *gleichmäßig nach oben oder unten* verläuft, haben die Abstände der zugehörigen Quersepten vom vorhergehenden zum folgenden Bilde sich *in gleichem Sinne verändert*, entweder abgenommen oder zugenommen. Näheres läßt sich zunächst darüber nicht ermitteln.

β) Ist aber von einem Bilde zum nächsten der Abstand zweier Septen etwa größer, der zwischen der letzten und der nächstfolgenden jedoch schon kleiner geworden (oder umgekehrt), so erscheint die in der Mitte gelegene Querwand in extremer Raumlage, entweder entfernter als die beiden rechts und links von ihr, oder auch näher. Diesen Fall soll die beigefügte Abb. 1 erläutern. In ihr treten die auf die Ebene des Augenhorizonts gelegten Projektionen der drei Septen A, B und C auf der linken Stereoskopseite auf. Auf der rechten Seite steht das nächste Bild, in welchem die entsprechenden Projektionen der gleichen Septen die Bezeichnungen A', B' und C' erhalten haben. Links ist $AB>BC$, rechts dagegen $A'B'<B'C'$. Auf konstruktivem Wege (vgl. ULLRICH 1926) ist die Richtung der Septe (BB') im Stereoeindruck als winkelhalbierende ermittelt worden. Diese Konstruktion besagt aber, daß der Punkt (BB') mit den Punkten (AA') und (CC') im Raume nicht in einer Ebene gesehen wird, sondern davor oder dahinter. Welche von beiden Lokalisationsmöglichkeiten eintritt, ist eine Frage, die vom Beobachter rein psychisch auf Grund des Verhaltens der vorhergehenden Septen entschieden wird. Führen diese in die Ferne, so wird (BB') etwa in gleicher Richtung noch weiter entfernt lokalisiert, führen sie nach dem Beschauer zu, so liegt (BB') am weitesten vorn. Die nächstfolgende Septe erscheint also wieder ferner (bzw. näher). Daraus folgt über die Beziehung zwischen wirklich vorhandenem Septenabstand zur Zeit der Aufnahmen und dem räumlichen Eindrucke der kombinierten Bilder: *Ändert die Stereokurve* am

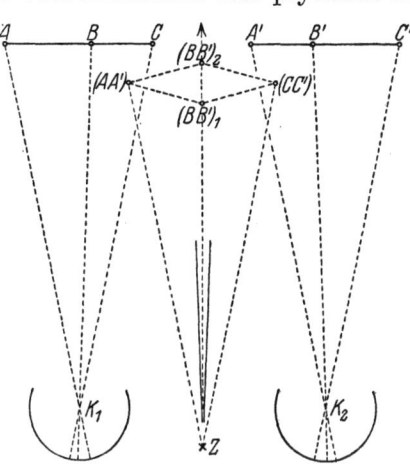

Abb. 1. Erklärung im Text.

Projektionspunkte einer Quersepte *ihre Richtung* in gegenläufigem Sinne, so ist von dem einen zum folgenden Bilde der Abstand der nächsten Septe links kleiner, rechts größer geworden oder auch umgekehrt. *Die Differenz beider Septenabstände hat also das Vorzeichen geändert.* Wieder läßt sich über die Lage des sich verkürzenden oder verlängernden Abstandes nichts Näheres aussagen.

Damit hat man bereits alle Beziehungen erfaßt, die zwischen der Stereokurve und den Änderungen der Septenabstände bestehen können. Mit ihnen muß also die weitere Untersuchung der Bewegung an der Hand der Filmaufnahmen auskommen.

c) Die Stereokurven von Oscillatorien.

Die Analyse der „Stereokurven" von unseren Versuchsobjekten läßt sich am besten anschaulich darstellen. Als konkretes Beispiel sollen deshalb zunächst an dieser Stelle eine Anzahl Stereokurven von *Oscillatoria sancta* (var. *caldariorum*?) wiedergegeben werden. Die zugrunde liegenden Filmaufnahmen sind infolge der Erfahrungen bei den früheren Aufnahmen von *Beggiatoa mirabilis* und *Oscillatoria Jenensis* weit günstiger als diese ausgefallen. Sie stammen wieder aus dem *Zeißwerk Jena.* Herr

Prof. SIEDENTOPF hat mir abermals bereitwilligst Apparaturen, Material und technische Hilfskräfte zur Verfügung gestellt, wofür ich ihm zu größtem Danke verpflichtet bin.

Die Aufnahmen (vgl. Abb. 2) erfolgten am 26. VIII. 1926 auf panchromatischen Agfa-Film im roten Licht. Es wurde ein Spektralbezirk ausgewählt, der nach Schätzungen am Handspektroskop stärktse Auslöschung der Strahlen durch die zelleigenen Farbstoffe ergab. (Zwei SCHOTTsche Filter, Rot und Orange, Durchlässigkeit zusammen 595 bis 660 mμ, Schwerpunktlage etwa 630 mμ). Die hohe Empfindlichkeit des Aufnahmematerials auch in diesem Spektralbezirk gestattete mit Achromat 8 mm und Okularsatz L (ZEISS) bei 100facher Vergrößerung zu arbeiten. Dabei wurde das Licht einer 20 Amp.-Bogenlampe benutzt. Es passierte zwei ZEISSsche Filterküvetten mit Ferroammonsulfatlösung, dann den Filtersatz von SCHOTT. Schließlich gelangte es durch den aplanatischen Kondensor Apertur 1,4 (ZEISS) zum Objekt. Die Irisblende des Kondensors konnte auf 3 mm Durchmesser zugezogen werden. Die wirksame Objektivöffnung war also gering. Infolgedessen ließ sich eine relativ große Tiefenschärfe erreichen.

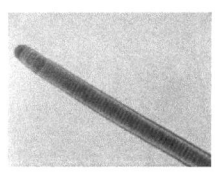

Abb. 2. Einzelbildchen aus der benutzten Aufnahme.

Ich habe drei Aufnahmen gemacht: Ende, Fadenmitte und stark pendelndes Ende jeweils eines anderen Fadens. Insgesamt standen mir etwa 30 m Negativ zur Verfügung. Die Bildfrequenz betrug 4 Bilder pro Sekunde, die Belichtungszeit der Einzelaufnahmen $^1/_{12}$ Sekunde.

Es ist unmöglich, dieses Material auch nur annähernd durch Stereobeobachtungen zu erschöpfen. Ich habe mich deshalb mit der Untersuchung von etwa 30—50 aufeinanderfolgenden Bildern an verschiedenen Stellen der Bildstreifen begnügt, die durch geeignete Versuchspersonen durchgeführt wurde. Dabei ergab sich, daß die Aufnahmen des ruhig kriechenden Fadenendes im wesentlichen alle Erscheinungen erfassen, die auf dem eingeschlagenen Wege zu beobachten sind. 30 Stereokurven davon, entstanden durch fortlaufend kombinierte Betrachtung benachbarter Filmbilder, gibt die beigefügte Tafel (Abb. 3) wieder, während den weiteren Betrachtungen und Rechnungen noch die folgenden 20 Bilder dieses Fadenendes zugrunde liegen.

Die Schwerpunktslinien der einzelnen Stereokurven sind durch feine Linien als Abszissen wiedergegeben. Die Ordinaten stellen wie bei den von *Beggiatoa* (ULLRICH 1926) veröffentlichten Bildern die scheinbaren Tiefenabstände der Quersepten dar. Wieder haben im ganzen 8 Einheiten ausgereicht, um den Tiefeneindruck hinreichend genau aufzuzeichnen. Der an sich wechselnde Abstand der Quersepten wurde stets als Einheit betrachtet, daher auf der Abszisse gleich groß angenommen

Über die Bewegungen der Beggiatoaceen und Oscillatoriaceen. II.

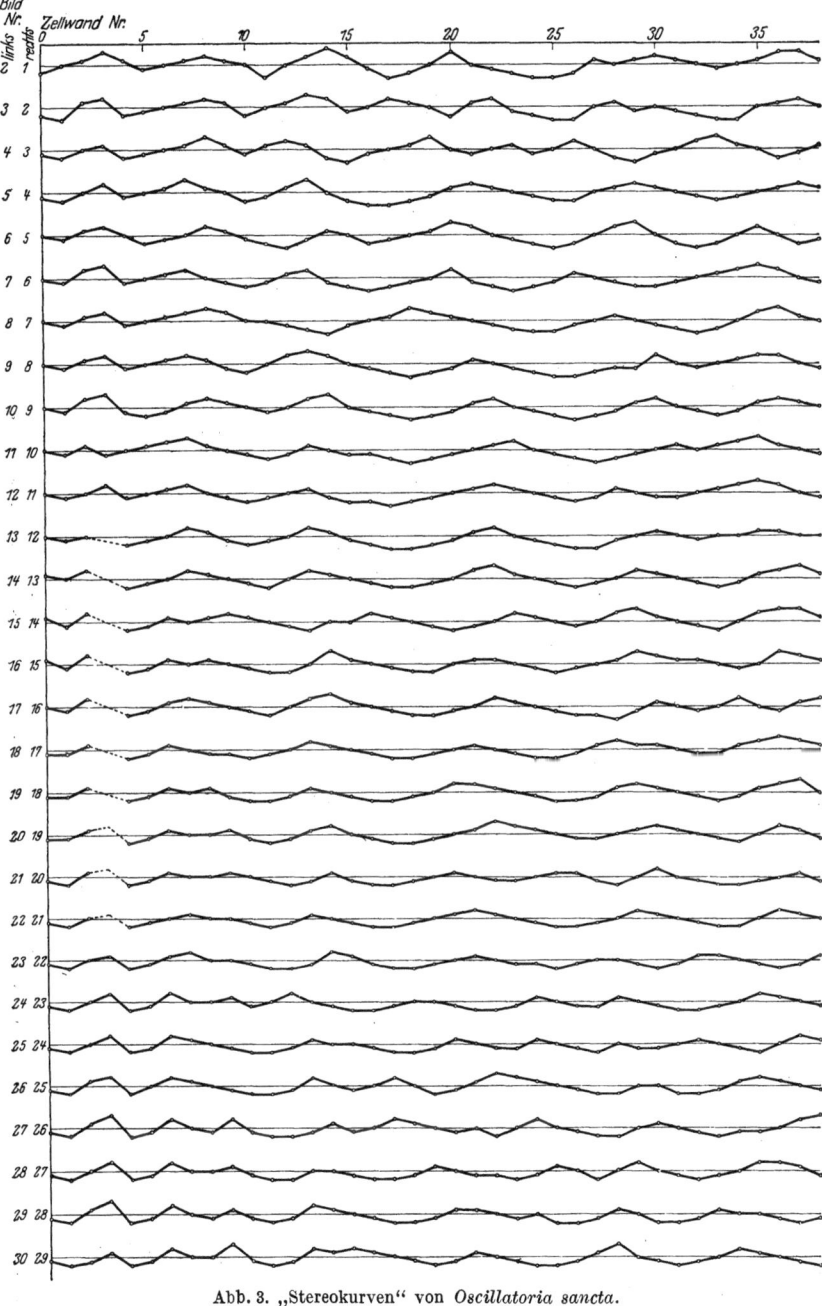

Abb. 3. „Stereokurven" von *Oscillatoria sancta*.

(vgl. S. 146). Die Stereoskopbeobachtungen erfolgten zum kleinen Teile durch eine der bereits bewährten Versuchspersonen (S) (vgl. ULLRICH 1926), zum größeren Teile (u. a. auch die der veröffentlichten Kurven) aber durch Herrn cand. rer. nat. STAPF, dem ich für seine Mühe besten Dank schulde. Die früher benutzten Vorsichtsmaßnahmen und Kontrollen (l. c. S. 319) sind dabei beibehalten worden.

Wir können an den Kurven beobachten, daß abszissenparallele Verbindungslinien der Septenprojektionen abwechseln mit Teilen, die über mehrere Septenabstände geradlinig nach vorn oder hinten führen. Ferner treten an manchen Septenprojektionen scharfe Knicke auf. Es besteht nun eine — wenn auch nicht besonders scharf ausgeprägte — erkennbare Regelmäßigkeit in den Stereokurven. Sie zeigen in großen Zügen welligen Verlauf. Maxima und Minima, d. h. besonders nahe und besonders fern gelegene Punkte wechseln in annähernd gleichbleibendem Abstande. Dazwischen treten ab und zu noch abszissenparallele Kurvenstücke auf. Betrachten wir deren Lage in einer Reihe aufeinanderfolgender Kurven, so können wir feststellen, daß sie sich zunächst nach links, dann nach rechts, dann wieder nach links verschieben usw. Aber das ist nicht überall vollkommen klar ausgedrückt. — Man stößt bei dem Aufsuchen solcher Beziehungen ferner auf Stellen, wo man im Zweifel sein kann, ob die Verschiebung der abszissenparallelen Stelle auf dem nächsten Stereobilde nach rechts oder nach links eingetreten ist, da beide Möglichkeiten vorhanden sind. Zieht man beide Verbindungen, so führen sie weiterhin wieder zusammen, gehen dann neuerdings auseinander usw.

Schließlich fällt noch auf, daß es vereinzelte Fälle gibt, in denen auf 2 Kurven die achsenparallele Stelle gleiche Lage im Faden aufweist, wo also nach $1/4$ Sekunde die Zelle gleichen Septenabstand besitzt (vgl. S. 146). Nur ein einziges Mal konnte der Fall bei *Oscillatoria*-Stereokurven gefunden werden, wo dieser Zustand an drei aufeinanderfolgenden Kurven auftrat. Endlich weisen die Kurven im Bereiche der Septen 0—5 keine wesentlichen Änderungen auf. Wir können daraus schließen, daß diese Septen keine erkennbaren Abstandsänderungen erfahren. Die entsprechenden Zellen sind ja bei manchen Arten auch häufig abgestorben[1].

Warum treten aber dann überhaupt Tiefeneindrücke auf? Aus der beigefügten photographischen Vergrößerung des Fadenendes (Abb. 9b, S. 148), ist ersichtlich, daß, wie bei den meisten Fäden, die Fadenspitze seitlich von der Fadenrichtung ausbiegt. Ich habe nun eine Stellung als Ausgangspunkt der Aufnahme gewählt und ihr Bild mit Nr. 1 bezeichnet, wo die Spitze extreme Vertikallage aufweist. Nun dreht sich bekanntlich der Oscillarienfaden bei seiner Fortbewegung äußerst langsam. Während der kurzen Zeitspanne von $12 1/2$ Sekunden, über die sich unsere Beobachtungen erstrecken (4 Bilder pro sec., 50 Bilder im ganzen) ist der

---

[1] Vgl. später S. 188 ff.: Membranveränderungen.

Drehungswinkel allerdings so verschwindend klein, daß die Lage des Fadenendes bezüglich der seitlichen Bildränder, die dem Faden parallel laufen, keine direkt nachweisbare Abstandsänderung erkennen läßt. Die Querwände sind aber nicht eben, sondern nach dem Fadenende zu durchgebogen (vgl. Abb. 2). Diese Uhrglasform läßt die abgebeugten, leuchtenden Septenbilder durch die Drehung in verstärktem Maße wandern, so wie ein Galvanometerspiegel bei seiner Drehung auch eine sehr feine Ablesung an einer weit entfernten Skala gestattet. Ferner wandern die Filmbilder solcher Septen noch infolge der Lageänderung zur Focusebene des Objektivs. Beides zusammen erklärt zur Genüge, warum in diesem Falle die Regel *nicht* angewendet werden darf, daß im Falle einer Abstandsgleichheit der Quersepten zu aufeinanderfolgenden Zeitpunkten keine Tiefeneindrücke auftreten, denn ihre Bilder sind durch sekundäre Umstände nicht lagekongruent.

d) Mathematisch-physikalische Überlegungen zur Analyse der Stereokurven.

Im Stereoskop werden die Querdisparationen und deren Änderungen wahrgenommen, wie sie sich als Differenzen der Abstände bzw. als Abstandsänderungen der Quersepten in aufeinanderfolgenden Filmbildern ergeben. Um das Ausmaß und Verhalten der wirksamen Querdisparationen zu analysieren und auf diesem Wege Beziehungen zwischen den beobachteten Stereokurven und der wahren Gestalt der Welle aufzudecken, empfiehlt es sich, die Abstandsänderungen der Quersepten graphisch darzustellen. Da wir über deren Gesetzmäßigkeiten noch gar keine Vorstellung haben bis auf die einer vorhandenen Periodizität, wollen wir zunächst die Sinuswelle als ein mögliches Bild der wahren Welle annehmen und die für diesen Fall zu beobachtenden Erscheinungen theoretisch ableiten.

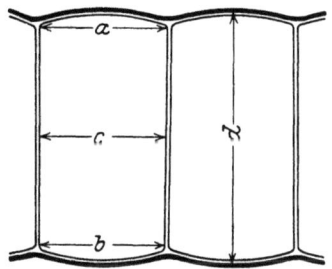

Abb. 4. Erklärung im Text.

Bezeichnen wir den Abstand der Septenmitten mit c (wie in der Arbeit ULLRICH 1926, vgl. auch Abb. 4), so wird c während eines Wellendurchganges seine Größe ändern. Den algebraischen Mittelwert für c aus allen diesen Größenänderungen wollen wir als $(c + a \sin 0°)$ annehmen. Wir machen diesen Wert zum Ausgangspunkt unserer Darstellung und tragen ihn als Ordinate in einem Achsensystem ab (vgl. Abb. 5):

$$y_0 = c + a \sin 0°.$$

a sei dabei die Amplitude der Abstandsänderungen. Auf der Abszisse werde die Zeit abgetragen. Unsere Betrachtung beginnt mit $x = 0$. Auf dem nächsten Filmbilde haben die Septen derselben Zelle einen anderen

Abstand. Nehmen wir den zeitlichen Abstand der Aufnahmen mit δ Sekunden an, so kann man diesen veränderten Septenabstand ausdrücken durch die Gleichung:

$$y_1 = c + a \sin \frac{2\pi}{\tau} \cdot \delta,$$

wobei τ die Schwingungsdauer der Welle ist.

Auf dem nächstfolgenden Bilde ergibt sich dementsprechend der Septenabstand:

$$y_2 = c + a \sin \frac{2\pi}{\tau} \cdot 2\delta.$$

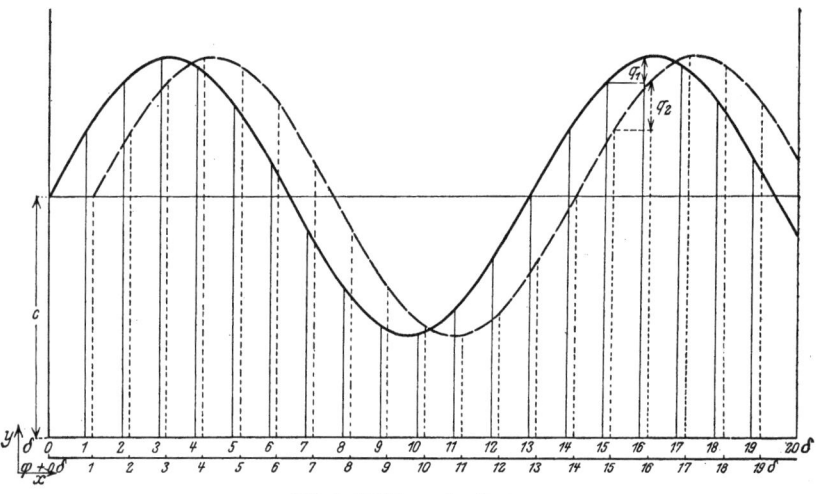

Abb. 5. Erklärung im Text.

Allgemein ergibt sich für y_n, wenn n die Anzahl der von 0 an gezählten Bilder darstellt:

$$y_n = c + a \sin \frac{2\pi}{\tau} (n-1) \delta. \tag{1}$$

Für das $(n+1)$-te Bild ergibt sich:

$$y_{n+1} = c + a \sin \frac{2\pi}{\tau} n \delta. \tag{2}$$

Die wirksame Querdisparation q_1 ist dann allgemein die Differenz der Septenabstände einer Zelle auf dem n-ten und $(n+1)$-ten Bilde, also:

$$q_1 = y_{n+1} - y_n = \left(c + a \sin \frac{2\pi}{\tau} n \delta\right) - \left(c + a \sin \frac{2\pi}{\tau} (n-1) \delta\right)$$

$$q_1 = a \left(\sin \frac{2\pi}{\tau} n \delta - \sin \frac{2\pi}{\tau} (n-1) \delta\right). \tag{I}$$

Aus der Betrachtung der Querdisparation nur einer Zelle ergibt sich bei der hier benutzten Art einer *Pseudo*stereoskopie noch kein Anhalt für die Raumlage der beiden Septen, die eine Zelle begrenzen. Dazu muß ein weiterer Raumpunkt kommen, auf den die Tiefenlokalisation bezogen werden kann. Wir wählen als solchen die nächste Querwand, die den bisher betrachteten Septen in gleicher Richtung folgt. Ihre Raumlage ist ebenfalls veränderlich. Sie hängt von der Querdisparation ab, die gegen die vorhergehende Wand auftritt. Wir müssen also das Verhalten der Septenabstände der Nachbarzelle in die Betrachtung einbeziehen. Diese Zelle wird sich in einer anderen Phase des Wellenzustandes befinden. Nehmen wir die Wellenlänge λ zu z Zelleinheiten an, wobei λ sowohl ein ganzes Vielfaches von z als auch ein Vielfaches eines beliebigen Bruchteiles von z sein kann, so wird sich für die Phasendifferenz φ zweier benachbarter Zellen ergeben:

$$\varphi = \frac{2\pi}{\tau} \cdot \frac{\lambda}{z}. \tag{3}$$

Ist der Septenabstand y_n der $(n-1)$ten Zelle durch die Gleichung (1) wiedergegeben, so ist der Septenabstand der Nachbarzelle y'_n, wenn jede Zelle als gleichgroß betrachtet wird:

$$y'_n = c + a \sin\left(\frac{2\pi}{\tau}(n-1)\delta + \varphi\right) \tag{4}$$

und auf dem nächsten Bilde

$$y'_{n+1} = c + a \sin\left(\frac{2\pi}{\tau} n \delta + \varphi\right). \tag{5}$$

Die Querdisparation für die zweite Zelle ergibt sich somit:

$$q_2 = y'_{n+1} - y'_n = \left[c + a \sin\left(\frac{2\pi}{\tau} n \delta + \varphi\right)\right] - \left[c + a \sin\left(\frac{2\pi}{\tau}(n-1)\delta + \varphi\right)\right] \tag{II}$$

Da wir die Amplitude a aus den Filmaufnahmen nicht direkt bestimmen können, lassen sich auch keine absoluten Werte der Querdisparationen berechnen. Dafür erhalten wir aus den Stereokurven Anhaltspunkte zur Ermittelung von λ in Zelleinheiten und τ in Sekunden, wenn wir aus der Gestalt der Stereokurven Rückschlüsse auf die gegenseitige Lage der Maxima und Minima sowie der Abszissendurchgänge der wahren Welle ziehen können.

Erinnern wir uns jetzt der schon bekannten Bedingungen, unter denen bestimmte Tiefeneindrücke bei Kombination zweier aufeinanderfolgender Filmbilder zustande kommen (vgl. S. 146 und 147).

Erster Fall: Die Stereokurve kann abszissenparallel laufen, soweit auf beiden Bildern die Septenabstände gleich geblieben sind. Mathematisch formuliert heißt das jetzt:

$$q = y_{n+1} - y_n = 0.$$

Diese Konstellation tritt nur auf, wenn die Werte y_{n+1} und y_n in gleichem Abstande von Maximum bzw. Minimum der wahren Welle liegen.

Zweiter Fall: Die Stereokurve ist nicht abszissenparallel. Dann ist

$$q = y_{n+1} - y_n$$

eine endliche Größe, die den Grad der Querdisparation der beiden Septenbilder bei der stereoskopischen Beobachtung kennzeichnet. Wir unterscheiden wieder die auf Seite 146 aufgestellten Unterfälle:

α) Die Stereokurve läuft über mehrere Zellen hinweg gleichmäßig nach vorn oder nach hinten. Einige aufeinander folgende Septenabstände nehmen also gleichzeitig und gleichsinnig zu oder ab. Dann hat $q_1 = y_{n+1} - y_n$ gleiches Vorzeichen wie $q_2 = y_{n+2} - y_{n+1}$ und auch wie $q_3 = y_{n+3} - y_{n+2}$ usw. Die quantitativen Unterschiede der Sinusdifferenzen bleiben bei der stereoskopischen Auswertung unberücksichtigt infolge unseres Vorgehens, nur in Tiefeneinheiten zu registrieren.

Der Fall 2α wird nur dann verwirklicht werden können, wenn φ wesentlich kleiner als 90^0 ist. Sonst tritt dauernder Vorzeichenwechsel des $\sin \varphi$ auf. Umgekehrt kann man aus dem Auftreten von Kurvenästen schließen, daß die Maxima und Minima der Stereokurven in gesetzmäßiger Abhängigkeit von den wahren Wellen stehen werden. Diese Beziehungen sollen deshalb weiter unten eingehender erörtert werden.

β) An Knickstellen der Stereokurven ist auf der einen Seite einer Septenprojektion der Septenabstand größer, auf der anderen kleiner geworden. Die Differenz der beiden Septenabstände kehrt das Vorzeichen um. Wie oben formuliert: $q_1 = y_{n+1} - y_n$ hat entgegengesetztes Vorzeichen wie $q_2 = y_{n+2} - y_{n+1}$ usw.

Das ist immer im Maximum und Minimum der Fall. Als Spezialfälle ergeben sich aber Konstellationen, die solche Knicke der Stereokurven auch auf dem ansteigenden oder absteigenden Aste der Longitudinalwelle auftreten lassen, so

a) wenn zu beiden Seiten eines Kurvenpunktes gleiche Querdisparationen auftreten. Dann wird aus rein psychischen Gründen die Septe, die genau in der Mitte zwischen zwei Nachbarsepten liegt, in der räumlichen Richtung der vorhergehenden Septen lokalisiert werden. Die nächstfolgende Septe wird dann wieder näher bzw. ferner gesehen als die vorhergehende. Wie man aus graphischen Darstellungen der schon benutzten Art (vgl. Abb. 1) entnehmen kann, tritt dieser Fall nur auf, wenn auf dem gemeinsamen Bilde der Septenabstand $y = c$ ist, also wenn ein Vielfaches von $\dfrac{c}{2}$ erreicht wird.

b) Ferner gelegentlich dann, wenn die Querdisparationen von Nachbarzellen, die sich nahe dem Phasenzustande $y = c$ befinden, entgegengesetztes Vorzeichen haben. Denn hier ist immer ein Vorzeichenwechsel des sin und der Sinusdifferenzen vorhanden, der auch in obiger Formulierung einbegriffen ist. Der Vorzeichenwechsel wird nur nicht immer zu einem Umknicken der Stereokurve führen, weil die Perzeption gemäß dem Fall 2α überwiegen wird.

Wir hatten oben gesehen, daß beim Auftreten von Kurvenästen die Maxima und Minima der wahren Welle als Kurvenknicke in den Stereokurven zum Vorschein kommen müssen. Daneben ergeben die Unterfälle 2β noch solche Umkehrpunkte der Stereokurven, die der halben Wellenlänge λ oder einem ganzen Vielfachen davon entsprechen müssen. Zählen wir also die Abstände der oberen und unteren Knickpunkte der Stereokurven in Zelleinheiten ab, so werden wir Werte für λ oder $\frac{\lambda}{2}$ in beliebig wechselnder Reihenfolge erhalten.

Dabei ist immer stillschweigend vorausgesetzt, daß der Phasenwinkel δ klein ist im Vergleich mit τ, die Bildfolge also hinreichend dicht ist. Unsere Versuchsanstellung verlangt, daß diese Voraussetzung erfüllt ist. Hätte sich der Phasenzustand der Zellen von Bild zu Bild sehr stark geändert, so hätte bei dem Verhältnis der Belichtungszeit von $^1/_{12}''$ zum zeitlichen Abstande der Bilder, also der Bildfolge von $^1/_4''$ keine scharfe Abbildung mehr erfolgen können, weil die Bewegungen der Quersepten während $^1/_{12}''$ sonst zu groß gewesen wären. Der Phasenwinkel δ muß also einen Wert innerhalb der zulässigen Grenze gehabt haben. Die theoretisch vorhandene Möglichkeit, daß δ sogar eine Größe von etwas über 360^0 oder einem ganzen Vielfachen davon zukommen könnte, ist aus denselben Gründen ausgeschlossen. Es läßt sich zeigen, daß die Größe von δ der gleichen Begrenzung wie die von φ unterworfen ist. Doch will ich hier nicht näher darauf eingehen.

Unter diesen Umständen können wir nunmehr τ als ein ganzes Vielfaches oder ein Vielfaches eines beliebigen Bruchteiles von δ ermitteln. Es gibt dafür in der Theorie zwei Möglichkeiten:

Die erste geht davon aus, daß nach einer bestimmten Zeit bei einer idealen Sinuswelle das gleiche Wellenbild wiederkehren muß. Kombiniert man im Stereoskop zwei solche kongruente Bilder, so ergibt sich für die Phasen der einzelnen Zellen folgende allgemeine Sinusbezeichnung:

$$c + \sin \frac{2\pi}{\tau} n\,\delta = c + \sin\left(\frac{2\pi}{\tau} n\,\delta + u\,\delta\right).$$

u sei dabei die Zahl der dazwischenliegenden Bilder. Diese Gleichung gilt nur, wenn $u\,\delta = 360^0 = \tau$, denn ein Phasenwinkel von 360^0 bedeutet räumlich betrachtet den Durchgang einer ganzen Welle, zeitlich aufgefaßt demnach die Schwingungsdauer τ der Welle. Bei räumlich kontinuierlichen Wellen und zeitlich kontinuierlicher Betrachtung würden wir Kongruenz der Bilder finden, wenn jeweils eine Welle passiert ist. Bei unserer infolge der *endlichen* Größe von δ *diskontinuierlich* abgebildeten Wellen kann eine derartige Erscheinung für den Fall, daß τ nicht ein ganzes Vielfaches von δ ist, erst nach $v \cdot \tau$ zu beobachten sein. Dann haben $v \cdot \delta$ die betreffende Fadenstelle passiert. Völlige Kongruenz zeitlich verschiedener Bilder über die gesamte Strecke des abgebildeten Fadens haben wir bei der Verschiedenheit der Fadenzellen übrigens kaum zu erwarten. Wenn auch der Erfassung kleinster Abstandsdifferenzen auf stereoskopischem Wege Grenzen gesetzt sind, so dürften diese doch nicht so hoch liegen, daß sie die Störungen durch die Zelldifferenzen ausgleichen könnten. Wir müssen uns in der Praxis daher begnügen, unter Festhaltung des Bildes der einen Seite des Stereoskops durch Verschiebung des Filmstreifens auf der anderen Seite dasjenige Bild aufzusuchen, das nächst dem zu gleicher Zeit aufgenommenen den geringsten Tiefeneindruck hervorbringt. Solche Bilder werden in gewissen Zeitabständen wiederkehren, die jeweils τ bzw. einem ganzen Vielfachen von τ entsprechen. Aus diesen Abständen ließe sich τ als Mittelwert berechnen. Praktisch hat dieser Weg an den vorliegenden Aufnahmen keine brauchbaren Ergebnisse geliefert.

Die zweite Möglichkeit geht von einer Betrachtung sämtlicher aufgenommener Stereokurven als einem einheitlichen System aus. Dann beruht die Feststellung von τ auf der Ermittlung der Durchgänge der Stereokurven an ein und derselben Fadenstelle durch die Schwerpunktslinien. Deren Lage kann man bei der Länge der beobachteten Fadenstücke wohl als konstant annehmen, denn Abweichungen müssen sich gegenseitig eliminieren[1]. Es ist nur erforderlich, die Schätzungen der Schwerpunktslage durch Rechnung zu kontrollieren und gegebenenfalls Korrekturen anzubringen. Die in Abb. 3 wiedergegebenen Kurven sind, wenn erforderlich, rechnerisch auf eine fixe Lage des Schwerpunkts im Koordinatensystem parallel verschoben. Alle Durchgänge der Kurven, die in gleicher Richtung erfolgen, entsprechen τ bzw. infolge der Fälle 2 β aber $\frac{\tau}{2}$. Alle Durchgänge der Stereokurven durch ihre Schwerpunktslinien, gleichgültig in welcher Richtung sie erfolgen, haben untereinander den zeitlichen Abstand $\frac{\tau}{2}$, bzw. infolge der Fälle 2β den Abstand $\frac{\tau}{4}$.

Schließlich wollen wir mit Hilfe der Formel für die Fortpflanzungsgeschwindigkeit c einer Welle unter Zuhilfenahme der Werte für τ und λ die *Fortpflanzungsgeschwindigkeit der Longitudinalwellen in bezug auf den Zellfaden* berechnen:

$$c = \frac{\lambda}{\tau}.$$

e) **Die zahlenmäßige Auswertung der Stereokurven von Oscillatoria sancta (var. caldariorum?).**

1. Mittlere Wellenlänge.

Zur Berechnung eines Mittelwertes von λ ist es notwendig, die Abstände der oberen und der unteren Knickpunkte der Stereokurven abzuzählen. Ich habe dazu die 30 abgebildeten Kurven (vgl. Abb. 3) so-

---

[1] Den Ratschlag, die Schwerpunktslage als konstant zu betrachten und auf dem oben beschriebenen Wege zu ermitteln, hat mir freundlicherweise Herr Dr. MILDNER gegeben. Ich möchte ihm auch an dieser Stelle meinen Dank dafür zum Ausdruck bringen.

wie 20 weitere, die sich an die abgebildeten anschließen, zugrunde gelegt. Gezählt werden die Verbindungslinien zwischen den Septenprojektionen. Es kommt vor, daß das Knie der Kurve durch einen abszissenparallelen Verbindungsstrich bezeichnet wird. Nach Fall 1 (S. 153) liegt dann das wahre Wellenmaximum bzw. Minimum genau in der Mitte. Wir müssen also diese Abstände als halbe Zelleinheiten nach beiden Seiten zu zählen. Dabei werden gleiche Abstände verschieden häufig auftreten.

Bei solchen Häufigkeitsberechnungen ist das Rechnen mit halben Zelleinheiten aber sinnlos. Es liegen der Untersuchung doch wahre Wellen zugrunde, die sich niemals auf halbe Zellen erstrecken können. Stets ist die ganze Zelle ein Wellenelement. Es handelt sich also bei der Auszählung um die Feststellung „diskreter Varianten" (vgl. JOHANNSEN 1913). In solchen Fällen ist die Zahl der Halbwerte zu gleichen Teilen der nächst-unteren und nächst-oberen (ganzen) Variante zuzuzählen. Auf diese Weise sind die folgenden Abstandswerte und die zugehörigen Häufigkeiten erhalten worden:

	Abstände der oberen und der unteren Kurvenkniee									Summe der Häufigkeiten = Aufzählung
Zelleinheiten:	2	3	4	5	6	7	8	9	10	
Häufigkeiten { obere Kniee }	10	20	27	28	54	54	34	12	4	253
{ untere Kniee }	12	20	23	43	47	44	22	19	3	233
Summe der Häufigkeiten	22	50	50	71	101	98	56	31	7	486

Im Bereiche von 2 und 10 Zelleinheiten liegen die Wellenlängen, die wir als λ und $\frac{\lambda}{2}$ in den Stereokurven registriert haben. Aus ihnen wollen wir mit Hilfe variationsstatistischer Untersuchungen die wahre mittlere Wellenlänge ermitteln. Wir sind dazu in der Lage, weil es eine Angelegenheit des Zufalls sein wird, wie lang in unseren Stereokurven die Abstände der oberen bzw. unteren Knickpunkte ausfallen. Sie können sowohl größer als auch kleiner sein als die wahre Welle. Das lehrt eine einfache Überlegung:

Die Querdisparation entspricht der Abstandsdifferenz der Quersepten und damit der Sinusdifferenz in einer Zelle zwischen einem Bilde und dem folgenden. Die Sinusdifferenz kann nun über 90° und entsprechend 180° noch gleiches Vorzeichen besitzen, weshalb die Stereokurve gleiche Richtung beibehält. Die Grenzen für die Gleichheit der Sinuswerte, also die Sinusdifferenz 0, liegen offenbar bei $90° \pm \frac{\varphi}{2}$ bzw.

$180^0 \pm \frac{\varphi}{2}$. Innerhalb dieser Grenzen wird also die zufällige Zahl der Zellabstände schwanken, die stereoskopisch als Wellenlänge registriert werden. Dabei gelten streng die Variationsgesetze nach Maßgabe der Binominalkurve.

Wir finden in obiger Tabelle zwei Häufigkeitsmaxima. Das eine liegt zwischen 6 und 7 Zelleinheiten und wird nach den Ausführungen auf S. 155 der Wellenlänge λ entsprechen. Das andere wird etwas oberhalb von drei Zelleinheiten zu liegen kommen und muß daher der halben Wellenlänge $\frac{\lambda}{2}$ zukommen. Die Auszählung gibt demnach die Häufigkeitswerte zweier Variationskurven in Form einer Summenkurve wieder. Da es sich hier um streng gesetzmäßige Variationen handelt, weil wir rein mathematisch bedingte Häufigkeiten untersuchen, können wir diese Summenkurve in ihre zwei Summanden zerlegen.

Zunächst kann festgestellt werden, daß keine Variabilität von $\frac{\lambda}{2}$ bis herunter zu *einer* Zelleinheit auftritt. Das Maximum dieser Variationskurve muß zwischen drei und vier Zelleinheiten gelegen sein. Infolge der strengen Gesetzmäßigkeit der Variation nach der Binominalkurve und der ausreichenden Zahl der Werte, die den Untersuchungen zugrunde liegen, kann sich der dem linken symmetrischen rechte Ast dieser Kurve höchstens bis zu fünf Zelleinheiten erstrecken. Das Maximum der Variationskurve für λ liegt erst zwischen sechs und sieben Zelleinheiten. Der rechte Ast dieser Kurve ist also vollkommen frei von jeglicher Überlagerung. Dem Glücksumstande, daß das Maximum zudem fast genau in der Mitte zwischen sechs und sieben Zelleinheiten liegt, verdanken wir es, daß wir dem bekannten Ast auch den entsprechenden linken gleichsetzen können. Wir dürfen also folgendermaßen rechnen:

Zelleinheiten:	2	3	4	5	6	7	8	9	10	Summe der Häufigkeiten = Aufzählung
Summe der Häufigkeiten . . .	22	50	50	71	101	98	56	31	7	486
Variationskurve von λ		7	31	56	101	98	56	31	7	387
Variationskurve von $\frac{\lambda}{2}$	22	43	19	15						99

Als Mediane der Variationskurve für λ ergibt sich nach den in der Variationsstatistik üblichen Rechnungsweisen (vgl. JOHANNSEN 1913)

$$Med. \lambda = 6 + \frac{192}{387} = 6{,}495 \text{ Zelleinheiten.}$$

Entsprechend ergibt sich für $\frac{\lambda}{2}$ als Mittelwert:

$$Med. \frac{\lambda}{2} = 3 + \frac{34}{99} = 3{,}343 \text{ Zelleinheiten.}$$

Die Mittelwerte für $\lambda = 6{,}495$ und $2 \cdot 3{,}343 = 6{,}686$ Zelleinheiten stimmen gut überein, so daß man darin eine Bestätigung für die Zulässigkeit unserer Rechnungsweise erblicken muß.

Aus 32 Messungen an den Zellen der Filmbilder hat sich eine durchschnittliche Zellenlänge von 3,83 μ ergeben.

Die mittlere Länge der Longitudinalwellen der untersuchten O. sancta beträgt demnach etwa 6,5 Zelleinheiten oder etwa 25 μ.

2. Mittlere Schwingungsdauer.

Die Berechnung von τ gelingt nur auf dem zweiten der Wege, die auf S. 156 theoretisch abgeleitet sind. Wie für λ, so wird sich auch eine Variabilität der Werte für τ in δ-Einheiten ergeben, die sich für τ, $\frac{\tau}{2}$, und $\frac{\tau}{4}$ in den Stereokurven auszählen lassen. Für den Fall, daß eine Septenprojektion auf die Schwerpunktslinie fällt, müssen wir wie bei den Auszählungen von λ diese Werte in halben δ-Einheiten zählen und dann die Häufigkeiten für diese Werte zu gleichen Teilen auf die Nachbarwerte verteilen. Da wir das System der Stereokurven in einer Richtung senkrecht zu den Schwerpunktslinien betrachten, können wir die Zählungen nur getrennt für die an dem gleichen Tage aufgenommenen Kurven Nr. 1—30 und entsprechend Nr. 30—50 durchführen. Wir verlieren dadurch an der Grenze bei 30 eine Anzahl sonst auswertbarer Abstände. Daher sind die Aufzählungen niedriger als die für λ.

δ-Einheiten = $^{1}/_{4}$ Sekunden	Abstände der gleichgerichteten Schwerpunktsdurchgänge								Summe der Häufigkeiten = Aufzählung
	2	3	4	5	6	7	8	9	
Von rechts oben nach links unten .	58	58	47	18	10	12	0	2	205
Von links oben nach rechts unten. . .	59	62	47	17	17	5	2	2	211
Summenkurve. . .	117	120	94	35	27	17	2	4	416

In dieser Häufigkeitsauszählung sind nach S. 156 die drei Variationskurven für τ, $\frac{\tau}{2}$, und $\frac{\tau}{4}$ enthalten. Besonders bei 2, 3 und 4 δ-Einheiten finden offenbar starke Überlagerungen statt. Es ist also hier nicht wie für λ möglich, die Summanden selbst zu errechnen. Wir müssen uns deshalb mit Näherungen begnügen, die eine etwas geringere Genauigkeit zur Folge haben. Dem Verhalten obiger Zahlen nach muß $\frac{\tau}{4}$ sein Häufigkeitsmaximum etwa bei 2 δ, $\frac{\tau}{2}$ zwischen 3 und 4 δ haben. Das Häufigkeitsmaximum von τ fällt weg, weil τ kein ganzes Vielfaches von δ ist (vgl. S. 155). Wir wollen nun aus den obigen Werten von $\frac{\tau}{4}$ und $\frac{\tau}{2}$ eine Häufigkeitskurve für τ-Werte aufstellen, die der Wahrheit ziemlich nahe kommen dürfte.

	$\tau =$	6	7	8	9	10 δ
gezählt		27	17	2	4	—
als $\frac{\tau}{2}$		=3/120	—	=4/ 94	—	=5/35
als $\frac{\tau}{4}$		—	—	=2/117	—	—
Zahl der Häufigkeiten . .		147	17	213	4	35
Summe = Aufzählung . . .				416		

Die gesuchte Mediane wird zwischen 7 und 8 zu liegen kommen.

$$Med. \tau = \text{etwa } 7 + \frac{252}{416} = 7{,}61 \, \delta.$$

Da $\delta = \frac{1}{4}$ Sekunde, ist *die Schwingungsdauer τ der Longitudinalwellen im O. sancta-Faden etwa 1,9 Sekunden.*

3. Mittlere Fortpflanzungsgeschwindigkeit der Wellen und Fadenbewegung.

Nach der Formel $c = \frac{\lambda}{\tau}$ ergibt sich: $c = \frac{6{,}5}{1{,}9} = 3{,}4$ Zelleinheiten pro Sekunde. Rechnen wir wieder mit einer mittleren Zellenlänge von 3,83 μ, so ist die absolute Fortpflanzungsgeschwindigkeit der Wellen im bewegten Faden im Mittel:

$$c = 13{,}0 \, \mu \text{ pro Sekunde bei } 24^0 \text{ C}.$$

Die Fortpflanzungsgeschwindigkeit c der Longitudinalwellen wird nicht direkt mikroskopisch zu beobachten sein, etwa aus dem Verhalten der jeweils an einer ruhenden Marke vorbeiziehenden Fadenstelle; denn der Zellfaden, in dem die gleichförmige Wellenbewegung abläuft, ist seinerseits in Bewegung.

An Projektionsbildern des 1. und 50. Filmbildchens, die unter anderem den Messungen zugrunde liegen, wurde ausgemessen, daß der Faden während der 12,5 Sekunden dauernden Kinoaufnahme 8,55 μ vorwärts gekrochen ist. In einer Sekunde hat er also $\xi = 0{,}684 \, \mu$ zurückgelegt, wenn wir seine Bewegung als eine gleichförmige ansehen. Nach SCHMIDs Beobachtungen (1923) sind wir dazu durchaus berechtigt.

Die mittlere Schwingungsdauer im Faden hatte sich zu 1,9 Sekunden ergeben. Nun müssen die Wellen, soll durch sie eine Fadenfortbewegung zustande kommen, der Fortbewegungsrichtung des Fadens entgegenlaufen. Von einem ruhenden Beobachter aus wird die Fortpflanzungsgeschwindigkeit nach dem Additionstheorem also größer erscheinen, als sie in bezug auf den mitbewegten Faden tatsächlich ist.

Statt $c = 13{,}0\,\mu$ pro Sekunde wird $c + \xi = 13{,}0 + 0{,}684 = 13{,}684\,\mu$ als c' gemessen werden. Daraus ergibt sich eine *scheinbare* Schwingungsdauer

$$\tau' = \frac{\lambda}{c'} = \frac{25}{13{,}684} = 1{,}83\ \text{Sekunden bei}\ 24^0\,C.$$

Ferner geht aus den Darlegungen hervor, daß die Geschwindigkeit der Wellenbewegung zu der Eigengeschwindigkeit des Fadens nicht in einer einfach zu durchschauenden Beziehung steht. Die Zusammenhänge bedürfen vielmehr noch einer näheren Analyse, die vorläufig noch nicht durchgeführt worden ist.

4. Asymmetrie der Stereokurven und wahre Gestalt des Wellendiagramms.

Alle Überlegungen sind bisher unter der Annahme durchgeführt worden, daß das Diagramm der Wellen von *O. sancta* dem einer Sinuswelle gleicht. In diesem Falle müßte das System der Stereokurven eine symmetrische Schwerpunktslage besitzen. Alle Abweichungen müßten sich durch die hinreichend große Zahl der Beobachtungen weitgehend ausgleichen. Man kann aber bei genauer Betrachtung dieser Kurven (vgl. Abb. 3) gerade noch feststellen, daß eine geringe Asymmetrie in der Lage der Umkehrpunkte vorhanden ist. Auszählungen der Kurvenäste bestätigen diese Beobachtungen. Zählt man z. B. von den oberen Knickpunkten nach links und nach rechts bis zu den unteren Knickpunkten die Häufigkeiten aus, die sich für die Länge der Äste in Zelleinheiten ergeben, so erhält man folgende Zahlen:

Linke Äste:

Zelleinheiten:	1	2	3	4	5	Summe der Häufigkeiten = Aufzählung
Kurve 1—30 ...	13	42	50	29	7	141
Kurve 31—50 ...	20	55	27	9	3	114
Summenkurve...	33	97	77	38	10	255

Rechte Äste:

Zelleinheiten:	1	2	3	4	5	6	Summe der Häufigkeiten = Aufzählung
Kurve 1—30 ...	14	29	41	42	15	3	144
Kurve 31—50 ...	19	13	24	29	26	4	115
Summenkurve...	33	42	65	71	41	7	259

Diesen Häufigkeiten für die Wellenlänge ordnen sich jetzt entsprechend wie bei den Berechnungen von λ (vgl. S. 156) den halben

Wellenlängen $\frac{\lambda}{2}$ und den Viertel-Wellenlängen $\frac{\lambda}{4}$ zu. Infolge der geringen Variationsbreite ist es hier nicht möglich, mit Hilfe überlagerungsfreier Kurvenäste die Summanden der Häufigkeitszählung zu ermitteln. Es bleibt daher nichts anderes übrig, als auf dem Wege der Annäherung die Asymmetrie zahlenmäßig etwas einzuengen.

Zunächst wollen wir zu diesem Zwecke die obigen Auszählungen als Häufigkeitszählungen ausschließlich für $\frac{\lambda}{2}$ ansehen. Dann ergibt sich:

Für die linken Äste: $Med.\left(\frac{\lambda}{2}\right)_{l_1} = 2 + \frac{125}{155} = 2,49$ Zelleinheiten.

Für die rechten Äste: $Med.\left(\frac{\lambda}{2}\right)_{r_1} = 3 + \frac{119}{259} = 3,16$ Zelleinheiten.

Die Kurvenäste verhalten sich also bei dieser Betrachtung wie $2,49 : 3,46 = 0,72$. Diese Werte für $\left(\frac{\lambda}{2}\right)_l$ und $\left(\frac{\lambda}{2}\right)_r$ werden zu niedrig sein, weil dabei die enthaltenen Variabilitätskurven von $\frac{\lambda}{4}$ als Werte für $\frac{\lambda}{2}$ angesehen werden. Daher kommt es, daß die Summe beider Medianen $2,49 + 3,46 = 5,95$ Zelleinheiten gegenüber der oben bestimmten Wellenlänge zu 6,5 Zelleinheiten zu klein ausfällt.

Nunmehr wollen wir entsprechend der Rechnungsweise für τ vorgehen. Für die *linken Äste* läßt sich dann folgende Annäherungsrechnung durchführen, unter der *Annahme*, daß das Maximum der Häufigkeiten bei 3 zu finden ist:

Zelleinheiten:	1	2	3	4	5	Aufzählung
Ausgezählt	33	97	77	38	10	255
Angenäherte Var.-Kurve für $\frac{\lambda}{2}$.	10	38	77	38	10	—
Differenz = angenäh. Kurve f. $\frac{\lambda}{4}$.	23	59				
Diese Werte als $\frac{\lambda}{2}$			23		59	
Angenäherte Var.-Kurve f. $\frac{\lambda}{2}$ als Summe	10	61	77	97	10	

Für die *rechten Kurvenäste ergibt sich* (Maximum bei 4 angenommen):

Zelleinheiten:	1	2	3	4	5	6	Aufzählung
Ausgezählt	33	42	65	71	41	7	259
Für $\frac{\lambda}{2}$ angenähert . . .		7	41	71	41	7	—
Angenäherte Kurve $\frac{\lambda}{4}$.	33	35	24				

Fortsetzung der nebenstehenden Tabelle.

Zelleinheiten:	1	2	3	4	5	6	Aufzählung
Diese Werte als $\frac{\lambda}{2}$ . . .		33		35		24	
Angenäherte Var.-Kurve f. $\frac{\lambda}{2}$ als Summe		40	41	106	41	31	259

Aus den Aufstellungen ergeben sich als Mittelwerte für die *linken Kurvenäste*:

$$Med. \left(\frac{\lambda}{2}\right)_{l_2} = 3 + \frac{107}{255} = 3{,}42 \text{ Zelleinheiten,}$$

für die *rechten Kurvenäste*:

$$Med. \left(\frac{\lambda}{2}\right)_{r_2} = 3 + \frac{179}{259} = 2{,}69 \text{ Zelleinheiten.}$$

Die beiden Mittelwerte verhalten sich diesmal wie $\frac{3{,}42}{3{,}926} = 0{,}926$. Sie sind zu hoch ausgefallen, weil sich unter den Häufigkeiten von $\frac{\lambda}{4}$ auch noch solche von $\frac{\lambda}{2}$ finden müssen, die wir fälschlich durch die Verdoppelung als $\frac{\lambda}{2}$ berechnen.

Das Maß der wahren Asymmetrie der Kurvenäste $\frac{\text{kürzerer Ast}}{\text{längerer Ast}}$ muß demnach zwischen 0,72 und 0,926 liegen. Diese Angaben gelten auch für die wahre Welle, der daher keine streng sinuswellenförmige Gestalt zukommen kann. Die Längenzunahme der Zellen muß zeitlich ein wenig anders verlaufen als die Längenabnahme. Bei der Ermittelung von λ und τ spielen solche Abweichungen keine Rolle. Leider kann man mit Hilfe der stereoskopischen Methode nicht entscheiden, welcher Vorgang der raschere ist.

Man sollte nun meinen, daß die Asymmetrie der wahren Welle auch zu einer Asymmetrie der Stereokurven führt, wenn man daran τ als $\frac{\tau}{2}$, $\frac{\tau}{4}$ und $\frac{\tau}{8}$ auszählt. Das ist aber nicht der Fall, wie die folgenden Zahlen lehren:

Asymmetrie von $\frac{\tau}{2}$:

$^1/_4$ Sekund.	1	2	3	4	5	6	7	8	Aufzählung
Links . .	108	75	25	9	3	2	—	—	222
Rechts . .	114	73	24	12	2	1	—	1	227

Wir müssen deshalb schließen, daß die Gestalt der wahren Welle irgendwo einen abszissenparallelen Verlauf haben muß, der allein bei den

Stereobeobachtungen sich nicht deutlich ausprägen könnte. Doch will ich darüber noch keine Mitteilungen machen, weil sie zur Zeit kaum mehr als hypothetischen Charakter besitzen würden.

II. Treten neben rhythmischen Abstandsänderungen der Quersepten auch Änderungen des Zelldurchmessers auf?

a) Zur Terminologie.

Die Untersuchungen an Filmaufnahmen haben ergeben, daß die Querwände einer Oscillarie rhythmische Abstandsänderungen erfahren, die die Gestalt von Longitudinalwellen aufweisen. SCHMID belegt diese Erscheinung mit der Bezeichnung: *Kontraktionswellen*. Der Verfasser (ULLRICH 1926, S. 297) hat früher schon darauf hingewiesen, daß diese Bezeichnung, von rein theoretischem Standpunkte aus betrachtet, nicht vorurteilsfrei ist. Sie bezieht sich nämlich nur auf die Abstände der Quersepten und setzt zugleich mit der Annahme osmotischer Druckschwankungen voraus, daß in den Zellen sich bewegender Fäden Volumschwankungen auftreten. Die stereoskopische Methode erlaubt darüber keine Rückschlüsse. Ebenso haben sich keine Anhaltspunkte dafür aus den Messungen an Filmbildern ergeben (*Beggiatoa*, ULLRICH 1926). Es erscheint deshalb zweckmäßig, vor der Fortführung der Untersuchung alle Möglichkeiten, die für das Verhalten der Zellvolumina bezüglich der beobachteten Abstandsänderungen der Quersepten bestehen, aufzusuchen und sich daraus ergebende Folgerungen für die Fadenlänge, den Zelldurchmesser usw. abzuleiten. Über die Mechanik der Abstandsänderung werden damit keine Aussagen gemacht.

Wir können zwei Annahmen machen:

1. Das *Zellvolumen* ist während des Durchganges der wellenförmig verlaufenden Abstandsänderung der Querwände *konstant*. Es treten also nur Gestaltsänderungen der Zellen auf: (volumkonstante Wellen oder) *Transformationswellen* (solche Wellen sind also mit Änderung des Zelldurchmessers verbunden: transversale Wellen im Sinne SCHMIDs). Diese könnten vielleicht durch Änderung der Oberflächenspannung oder durch Änderung der elastischen Spannung der Membran bewirkt werden (näheres siehe später).

2. Das *Zellvolumen* ist *nicht konstant*, sondern veränderlich: (voluminkonstante Wellen oder) *Variationswellen*.

Die zweite Annahme bedingt eine Anzahl untergeordneter Möglichkeiten. Wir können uns denken, daß der Ruhezustand der Zelle erreicht ist, wenn das Volumen am größten oder am kleinsten ist, oder auch, wenn es eine mittlere Größe hat. Dann ergeben sich die folgenden, tabellarisch dargestellten Volumenänderungen und Bezeichnungen:

	Die Zelle hat im Ruhezustand	Volumschwankungen	Bezeichnung der Wellenart
IIa	das größte Volumen	−	Kontraktionswelle
IIb	das kleinste Volumen	+	Expansionswelle
IIc	ein mittleres Volumen	±	Kontraktions-Expansionswelle

Fall 2a, b und c könnten in der Natur z. B. durch Quellungsänderung sowie durch osmotische Vorgänge verwirklicht werden (näheres siehe später).

Mit der Einführung dieser Terminologie, die vollkommen einheitlich sich auf das Verhalten des Volumens der Elementarorgane bezieht, werden hoffentlich die Schwierigkeiten und Umständlichkeiten beseitigt, die bisher für eine kurze Formulierung verschiedener Hypothesen bestanden; auch die folgenden Darlegungen werden außerordentlich vereinfacht.

b) Überschlagsrechnung über die Größenordnung möglicherweise vorhandener Zelldurchmesseränderungen.

Die stereoskopische Methode hat erlaubt, einen tieferen Einblick in den Verlauf der longitudinalen Wellen zu erhalten. Nun haben bereits früher einige Überlegungen (ULLRICH 1926, S. 300) wahrscheinlich gemacht, daß die Veränderungen sich bei den Oscillarien besonders in der Längsrichtung deutlich auswirken müssen. Die Längsmembranen sind hier stark elastisch gedehnt. Das Einbringen von *Oscillatoria*fäden in hypertonische Lösungen oder ein Eintrocknen bewirkt nach HANSGIRG (1883) und SCHMID (1923) eine erhebliche Kontraktion des Fadens, ohne daß dabei eine Zunahme des meßbaren Fadendurchmessers auftritt. Im Gegenteile, beim Eintrocknen nimmt auch der Durchmesser ab, jedoch im Vergleich zur Längskontraktion nur wenig. Im lebenden *Oscillatoria*-Faden sollen nach beiden Forschern osmotische Überdrucke in den Zellen herrschen, die die Dehnungen der Längsmembranen im Gefolge haben. Infolge der hydrostatischen Druckverteilung auf die Zellwände sollte man bei dem großen Anteil, den die Mantelfläche an der Gesamtoberfläche der Zelle hat, annehmen, daß eine erhebliche Dehnung auch in tangentialer Richtung zustande kommt, sofern die Wandungen keine besondere Struktur besitzen. Bei der Feststellung des Durchmessers sind die auftretenden Änderungen nur nicht meßbar, weil ihre Größe innerhalb der Fehlergrenze der Messungen liegt. SCHMID hat diesen Gedankengang, den er 1923, S. 410 oben anschneidet, nicht weiter verfolgt. „Wellen von transversaler Natur könnten einem mikroskopisch gewiß nicht entgehen". Wir wollen deshalb hier von neuem einsetzen und an der Hand der ebenfalls von SCHMID 1923, S. 414 ausgesprochenen Möglichkeit die Äußerung auf ihre Berechtigung hin rechnerisch überprüfen. Auf bestimmte Reize hin, besonders auf Erschütterungen, beobachtete SCHMID, daß Fäden von *O. jenensis* sich um 1,8% spontan verlängern. Nun soll ein durch Kontraktionswellen bewegter Faden kürzer sein als ein ruhender. Nach solchen Reizen fand auch ich oft, allerdings bei *O. sancta*, daß die Bewegung für kurze Zeit eingestellt war. Es liegt also ein hinreichender Grund vor, diese spontane Verlängerung auf den Längenunterschied zwischen bewegtem und unbewegtem Faden zurückzuführen. Die Erscheinung: „Faden in Ruhe länger als in Bewegung" kann nach dem oben (S. 165) gegebenem Schema sowohl bei Transformations- als auch bei Variationswellen vorkommen. Das geht aus folgender Zusammenstellung hervor:

Die Tabelle gibt für Transformationswellen die Beziehungen wieder, die zwischen Zellgestalt und Fadenlänge in Ruhe und Bewegung gelten.

	Zellgestalt im Ruhezustand	In der Ruhe ... in der Bewegung
Ia	lang, schmal	länger als
Ib	kurz, dick	kürzer als
Ic	mittlere Gestalt	annähernd gleichlang wie

Für die Variationswellen können wir eine entsprechend vereinfachte Tabelle aufstellen, wenn wir annehmen, daß sich wesentlich nur die Zellenlänge ändert (vgl. obige Bemerkungen, die dazu berechtigen).

	Ruhezustand bei annähernd gleichem Durchmesser	In der Ruhe ... in der Bewegung
IIa	Größtes Volumen	länger als
IIb	Kleinstes Volumen	kürzer als
IIc	Mittleres Volumen	etwa gleichlang wie

Es entsprechen also die Fälle Ia und IIa unserer obigen Annahme. Sie unterscheiden sich aber dadurch, daß bei IIa der Durchmesser der Zelle nur wenig verändert wird, bei Ia dagegen stärker, verhältnismäßig gleichstarke Verkürzung vorausgesetzt. Daneben besteht ferner noch die Möglichkeit, daß im unbeweglichen Faden sich alle Zellen in Expansionsphase befinden, daß also der „scheinbare" Ruhezustand einem maximalen Reizzustande aller Zellen entspricht. Unter solchen Umständen könnten auch die Fälle Ib und IIb den Beobachtungen über spontane Fadenverlängerungen auf Reize hin genügen. Rechnerisch ergeben sich zwischen allen Fällen so geringe Differenzen, daß die Betrachtung eines Falles der Transformationswellen zum Abschätzen der Größenordnung der Querdurchmesseränderungen vollkommen ausreicht. Wenn im folgenden der Fall Ia, also konstantes Volumen bei der Verkürzung, angenommen wird, so können wir einen Wert für die Durchmesseränderung der einzelnen Zellen über die Volumformel errechnen. Sollte es sich um eine Variationswelle handeln, wird er sicher viel zu hoch sein und als obere Grenze gelten können.

Wir wollen also die Verkürzung eines *O. jenensis*-Fadens beim Übergang aus dem ruhenden in den bewegten Zustand einmal (siehe oben) zu 1,8% annehmen. Sind Variationswellen vorhanden, so können wir zunächst rund 50% der Zellen unseres Fadens als ruhend, 50% als maximal verkürzt ansehen. Dann müssen wir mit 3,6%iger Längenabnahme der verkürzten Zellen rechnen. Aus den Stereokurven hat sich im vorstehenden für *O. sancta* eine Wellenlänge von etwa 7 Zellen ergeben. SCHMID gibt aus Beobachtungen an austrocknenden Fäden von *O. jenensis* an, daß die „Kontraktionswellen" sehr kurz sein müssen (1923, S. 417 Mitte). Die Zellänge dieser Art ist, verglichen mit derjenigen der von mir untersuchten Art, im Verhältnis zum Durchmesser kürzer. Es wird daher berechtigt erscheinen, wenn wir vorläufig für eine Überschlagsrechnung die Wellenlänge bei *O. jenensis* mit 8 Zellen einsetzen. Den gleichen Abstand von 8 Zellen erhält man auch an Protoplasten, die durch Eau de Javelle isoliert sind. Jeder 8. Protoplast hat etwa wieder gleiche Größe (vgl. ULLRICH 1926, S. 323). Bei dieser Annahme haben Maximum und Minimum der Longitudinalwelle einen Abstand von rund 4 Zelleinheiten.

Schließlich wollen wir der Einfachheit halber annehmen, daß die Gestalten im Ruhe- und im Kontraktionszustande sehr ähnlich einem Zylinder sind, so daß wir die Radiusänderung bei Verkürzung der Zylinderhöhe unter Volumkonstanz berechnen können. Für *O. jenensis* ergeben sich folgende Werte:

Ruhezustand: Länge einer Zelle durchschnittlich $3\,\mu$.
    Zelldurchmesser $2r = 20\,\mu, r = 10\,\mu$.
    Volumen $V = r^2 \pi h = 943\,\mu^3$.

Kontraktionszustand: Zelldurchmesser $2r'$ bzw. Radius r' gesucht.

Länge einer Zelle durchschnittl. $h' = \left(h - \dfrac{h' \times 3{,}6}{100}\right) = 2{,}89\,\mu$,

Volumen $V = r'^2 \pi h'$; $r' = \sqrt{\dfrac{943}{2{,}89 \cdot 3{,}14}} = 10{,}18\,\mu$.

Die Radien von $10{,}00\,\mu$ und $10{,}18\,\mu$ liegen im Objekt nicht in Nachbarzellen. Sonst wäre die Durchmesseränderung von $0{,}18\,\mu$ nach beiden Seiten wohl wahrzunehmen. Die Unterschiede gehen vielmehr auf einer Strecke von 4 Zelleinheiten = etwa $12\,\mu$ langsam ineinander über. Sie bewirken dabei eine Richtungsänderung im Verlauf der Fadenkontur, die bei mikroskopischer Beobachtung zur Perzeption gelangen soll. Das ist nur möglich, wenn die Richtungsänderung wesentlich mehr als 15—20′ beträgt. Dabei wird die besonders günstige Abbildung im Bereiche des gelben Fleckes unseres Auges parallel zur Medianebene angenommen. Soviel kann man aus verschiedenen Angaben bei HOFMANN ersehen. —

Wir können diese Richtungsänderung gegen die Fadenachse angenähert als Winkel berechnen (vgl. Abb. 6):

$$\operatorname{tg} \alpha = \frac{0{,}18}{12} = 0{,}015. \quad \alpha = \text{etwa } 50'.$$

Der Perzeption dieser Richtungsänderung von 50' stehen in unserem Falle aber noch einige Hindernisse im Wege. Zunächst ist die Außenkontur immer etwas wellig, denn jede Zelle wird unter dem inneren Drucke eine leichte Ausbuchtung ihrer Längswand aufweisen. Dabei gehört *O. jenensis* noch zu den Arten mit sogenannter „glatter Außenkontur"! Immerhin ist der Winkel von 50' so groß, daß bei einfacher Gestaltsänderung der Zellen winzige transversale Wellen sichtbar werden müßten (vgl. die eigenen Untersuchungen darüber S. 180f.).

Nehmen wir aber an, daß im verkürzten Zustande auf alle Fälle noch eine sehr starke Dehnung der Längswände bestehen bleibt, dann wird die Dehnungsfähigkeit in tangentialer Richtung verringert sein, also α viel kleiner ausfallen und schließlich nicht mehr beobachtbar werden.

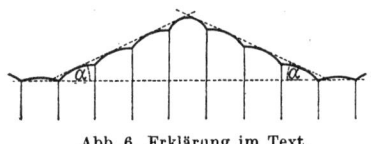

Abb. 6. Erklärung im Text.

Dieselben Betrachtungen müssen wir nun für *O. sancta* durchführen, die meinen Untersuchungen zugrunde liegt. Ich habe an diesem Objekt das Kontraktionsverhalten nach Erschütterungen einfach so untersucht, daß ich sofort nach dem *Auffallen-Lassen* des Deckglases die Fadenlänge bestimmte (LEITZ, Obj. 4, Stufenmikrometer) und dann weiter beobachtete. Im Durchschnitt ergab sich, daß die Fäden anfangs unbeweglich und länger waren, sich im Verlaufe von 5—15 Minuten (18⁰ C) langsam um 0,7—1,5% (ausnahmsweise einmal 7,5%!) verkürzten und dann erst begannen, sich zu bewegen. Die Bewegung war aber nicht immer ein Gleiten. In den Fällen, wo die Fäden nicht dem Objektträger auflagen, setzten leichte Krümmungen oder ruckweise auftretende minimale Dislokationen eines oder beider Fadenenden ein, oft sogar, bevor das Maximum der Kontraktion erreicht war. Benutzte ich statt destillierten Wassers Leitungswasser zur Herstellung der Präparate, so fielen die Verkürzungen durchweg kleiner aus (etwa 0,5%).

Da die Filmaufnahmen von Fäden herrühren, die sich in destilliertem Wasser bewegten, will ich den weiteren Überlegungen die Annahme einer rund 2%igen Kontraktion beim Übergange aus dem Ruhezustand in den Bewegungszustand zugrunde legen.

Oscillatoria sancta (var. *caldariorum*?):
Länge der Zellen durchschnittlich $4\,\mu \cdot h = 4\,\mu$
Zelldurchmesser durchschnittlich $12\,\mu \cdot 2r = 12\,\mu$,
$r = 6\,\mu$
Verkürzung 2%. Auf 50% der Zellen berechnet 4%.

Daraus: $h' = 3{,}84\,\mu$.

Zellvolumen $V = 36\,x,\ 4\,x\,\pi = 452\,\mu^3$

$r' = 6{,}12\,\mu \cdot \mathrm{tg}\,a = 0{,}12/16 = 0{,}0075.\ a = $ etwa **26'**.

Die maßgebliche Winkelgröße fällt nach der Überschlagsrechnung also so klein aus, daß es von vornherein wenig wahrscheinlich ist, transversale Wellen ohne besondere Hilfsmittel beobachten zu können, selbst wenn man Volumkonstanz der Zellen annimmt. Der Nachweis, daß transversale Wellen mit sehr kleiner Amplitude auftreten, kann also nur gelingen, wenn a sich experimentell vergrößern läßt. Die stereoskopische Methode versagt in diesem Falle vollkommen, da die Größenänderungen im Verhältnis zur Schärfe der Bilder zu gering sind. Auch stören die großen, nicht durch Querdisparationen wirksamen Partien des Fadeninnern das Zustandekommen von Tiefeneindrücken bei medianer Lage der Fadenbilder zum Beobachter.

Unter diesen Umständen muß es auffallen, daß man im Mikroskop mit *schwachen* Vergrößerungen bei *gleichmäßig* und *stark* erleuchtetem Gesichtsfeld wellenförmigen Verlauf der Außenkontur festzustellen glaubt, wenn man die Fäden längere Zeit beobachtet, womöglich mit starrem Blick. Doch lassen sich solche Beobachtungen auch an toten Fäden machen. Aus der physiologischen Optik (vgl. HOFMANN I, S. 94) ist bekannt, daß feine Linien bei Betrachtung gegen hellen Hintergrund perlschnurartig erscheinen. Die Abstände der Einschnürungen entsprechen nach v. FLEISCHL (zit. nach HOFMANN) etwa einem Gesichtswinkel von $1/4^0$. Es ist wahrscheinlich, daß die eben beschriebenen Beobachtungen an Oscillarienfäden diesen physiologisch-optisch bedingten Störungen zuzuschreiben sind. Deshalb wurde in den weiteren Untersuchungen *stets* ein Vergleich mit totem Material durchgeführt und eine objektiv photographische Registrierung angestrebt. Nur auf diesem Wege werden solche Täuschungen vermieden.

c) Untersuchungen zum Nachweis transversaler Wellen an Oscillarien.

Die Möglichkeit, transversale Wellen mit so geringen Amplituden nachzuweisen, kann sich nach den Darlegungen im vorigen Abschnitt nur dann ergeben, wenn es gelingt, den maßgebenden Winkel a so weit zu vergrößern, bis die Richtungsänderung der Außenkontur den physiologisch-optischen Voraussetzungen genügt, also wesentlich mehr als 15—20' beträgt. Vom theoretischen Gesichtspunkte kommen dafür physiologische und physikalische Methoden in Frage.

1. *Physiologische Vergrößerung von a durch Vergrößerung der Amplitude.*

Die Überschlagsrechnungen im vorigen Abschnitt gingen von der Annahme aus, daß die Oscilarienwellen Transformationswellen seien, bei denen nur gestaltliche Änderungen der Zellen unter Beibehaltung des

Volumens das Auftreten transversaler Wellen bedingen. Wir wissen, daß sich der Oscillarienfaden stets im Zustande einer starken elastischen Dehnung der Längsmembranen befindet. Das geht aus den verschiedenen Schrumpfungserscheinungen hervor (vgl. auch S. 165). Diese elastische Dehnung wird auf alle Fälle die Verbreiterung der Zellen bei der Kontraktion behindern. Könnte man diese elastische Streckung herabsetzen oder ganz aufheben, so würden stärkere Durchmesserzunahmen und damit eine Vergrößerung von a erreicht. Durch die Aufhebung der Längsspannung kontrahiert sich ferner der Faden. Dadurch werden Maximum und Minimum der vorhandenen Wellen zusammenrücken und durch die Verkürzung ihres Abstandes auch ihrerseits zu einer Vergrößerung des Winkels a beitragen.

Es liegen nach dem Gesagten genügend Gründe vor, als Ursache der elastischen Spannung der Längswände hydrostatisch wirkende Drucke im Zellinnern anzunehmen. Über ihre Natur sei vorderhand noch nichts ausgesagt. Mögen sie zustande kommen wie sie wollen, etwa durch Quellung oder durch osmotische Vorgänge — Oberflächenspannungsänderungen vielleicht ausgenommen —, stets wird dabei das Wasser einen wesentlichen Faktor abgeben. Wenn wir also seine Konzentration in den Zellen herabsetzen, müssen wir eine Aufhebung der elastischen Spannung und damit größere Durchmesseränderungen der Oscillarienzellen bekommen.

Der einfachste Weg dazu ist ein ganz langsames Eintrocknenlassen der Oscillarien. SCHMID hat in solchen Fällen auf Blumentöpfen kurz nach dem Abheben der Glasdeckel transversale Wellen in Form wandernder Lichtreflexe beobachtet. Ich konnte dies bereits 1926 bestätigen und durch geeignetes Vorgehen diese Bewegungen im Zustande mangelnder Wasserzufuhr auf längere Zeit hin verfolgen (ULLRICH 1926, S. 305). Quantitative Einblicke in den Kontraktionsvorgang ließen sich auf diesem Wege des Wasserentzuges bisher nicht gewinnen. Allerdings hat es der Verfasser unterlassen, genauere Untersuchungen über Lösungen mit bekannten Dampftensionen anzustellen, die in dieser Hinsicht vielleicht doch noch wesentliche Einblicke gestatten würden. Sie sind aber zeitraubend und umständlich. Schneller dagegen kann man auf hochkonzentrierten Agargallerten gleichen Erfolg erhoffen. Bei Beleuchtung schräg von unten [1] durch die Agarschicht hindurch sieht man in solchen Fällen bei hoher Einstellung an *Oscillatoria-sancta*-Fäden auch Lichtreflexe wandern, die ich sogar photographisch festhalten konnte (vgl. Abb. 7 und 8). Die Fäden sind unter diesen Bedingungen etwa nur zur Hälfte in die Agarmasse eingesunken.

Aber auch im durchfallenden Licht bei starken Vergrößerungen, die

---

[1] Durch Seitlichstellen der Kondensoririsblende fast senkrecht zur Fadenrichtung. Starkes Abblenden.

Über die Bewegungen der Beggiatoaceen und Oscillatoriaceen. II. 171

man nach dem Auflegen eines Deckglases anwenden kann (Öl-Imm. Apochr. 1,3 mm ZEISS) lassen sich ganz leichte Wellenzüge in der Außenkontur bemerken. Infolge der dicken Agarschicht konnte ich bei der Photographie dieser Erscheinungen mit der Belichtungszeit nur auf $^1/_5$ Sekunde herabgehen. Daher ist auf Abb. 8 das Fadeninnere reichlich verwaschen wiedergegeben, weil es sich durch die rasche Fortbewegung schnell verschoben hat. Desto mehr muß es auffallen, wie scharf dabei die Außenkontur mit den Wellen wiedergegeben ist. Ich kann mir das unter den gegebenen Umständen nur so erklären, daß die *Wellenzüge zum Bildfelde langsamer bewegt* erscheinen. Das ist eine Annahme, die man auch machen muß, wenn man die Fortbewegung eines fadenförmigen Organismus durch Longitudinalwellen verstehen will (vgl. dazu die Überlegungen auf S. 161/162).

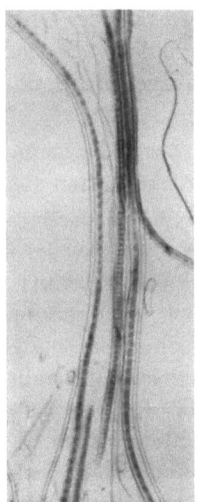
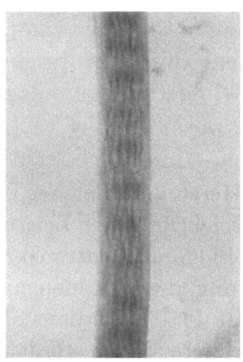

Abb. 7. Fäden von *O. sancta* auf hochprozentigem Agar. Beleuchtung schräg von unten, etwa senkrecht zur Fadenrichtung (ZEISS Apochr. 8 mm, LEITZ Makam 1×, blaues Licht). (Näheres i. Text.)

Abb. 8. *O. sancta* auf hochprozentigem Agar. (ZEISS Ap. 1,3 mm, LEITZ Makam 1×, $^1/_5$ Sek., blaues Licht.)

Viel einfacher ist der Wasserentzug aus Oscillarienfäden auf osmotischem Wege durch Einlegen in Lösungen bekannter Konzentrationen durchzuführen. SCHMID hat viele osmotische Versuche angestellt, bei denen aber offenbar keine deutlich sichtbaren transversalen Wellen an *O. jenensis* aufgetreten sind, ebenso PRÁT (1921, 1922). Sonst hätten beide wohl etwas davon erwähnt. Bei Versuchen, die ich an *O. sancta* durch Einlegen in Rohrzuckerlösungen bis zu 10% (= 0,29 Mol) anstellte, fand ich bis zu etwa 8%iger Konzentration noch Bewegung der Fäden. Aber ein Auftreten transversaler Wellen konnte ich niemals dabei beobachten. Allem Anscheine nach schaffen also die osmotisch wirkenden Lösungen keine Bedingungen, unter denen die Amplitude über die Grenze der Beobachtungsfähigkeit wächst (vgl. auch S. 180/181).

2. Physikalische Methoden der Vergrößerung von α.

Betrachten wir nochmals die schematische Zeichnung von S. 168. Wir werden tg α und damit α um so größer finden, je größer entweder $r'-r$ wird gegenüber $\frac{\lambda}{2}$, oder je mehr der Abstand von Maximum und Minimum, also $\frac{\lambda}{2}$, sich verringert.

1. Fall: Eine scheinbare Vergrößerung der Zelldurchmesser und damit des Ausmaßes der Durchmesseränderungen läßt sich durch Verzerrung der Fadenbilder auf optischem Wege erzielen, sowohl bei subjektiver Beobachtung als auch bei objektiv photographischer Bildwiedergabe. Jedermann bedient sich der Verzerrung, wenn er durch Visieren über die Linien einer Zeichnung oder die Konturen irgendwelcher Objekte kleine Richtungsabweichungen feststellen will. Die übliche Beobachtung im Gesichtsfelde des Mikroskops schließt solches Vorgehen aus, da sie an den Strahlengang senkrecht zur Objektebene gebunden ist.

Unter Anwendung besonderer Hilfsmittel kann die subjektive Beobachtung unter Verzerrung während der mikroskopischen Beobachtung der Fäden selbst aber durchgeführt werden. Ich lege zu diesem Zwecke starke Zylinderlinsen auf das Okular, wobei die Zylinderachse der Fadenrichtung im Falle einer +-Linse parallel zur Fadenachse der Oscillarie, bei einer −-Linse senkrecht zur Fadenachse zu liegen kommt.

Die Herstellung solcher Linsen ist sehr einfach. Eine +-Zylinderlinse von hinreichend guter Leistung ist bereits ein Stück Glasstab, das allerdings vollkommen glatte Oberfläche haben muß. Ich befestigte es (unter Zentrierung des Strahlenganges bei Bogenlichteinfall im Projektionsbilde) mit Plastilina dicht oberhalb der dem Auge zugekehrten Okularlinse. Klarere Bilder erhält man, wenn man vom Glasstabe längs etwas abspaltet, die Bruchfläche mit Schmirgel glatt und parallel zur Stabachse schleift, schließlich poliert. In einigen Fällen ersparte ich mir letztere Arbeit, indem ich den roh angeschliffenen Linsenkörper einfach durch Immersionsöl mit der ebenen Okularlinse optisch verband. —-Linsen fertigte ich durch Spalten von Glasrohr verschiedenen Durchmessers und Aufkitten der Bruchstücke auf Deckglasstreifen mit dickem Kanadabalsam in der Wärme.

Da solche Linsen chromatisch nicht korrigiert sind, empfiehlt es sich, in wenigstens annähernd monochromatischem Lichte zu arbeiten. Ich benutzte durch Filter scharf eingeengte Bezirke des Blau und Rot. Ferner arbeitete ich bei weit geschlossener Iris des Kondensors. Durch hohe Apertur der Beleuchtung treten nämlich Störungen in der Abbildungsschärfe ein. Der zu beobachtende Faden wird zunächst mit der gewünschten Vergrößerung (Obj. 2, 4, 7 von Leitz, Periplan Ok. 8x) eingestellt, dann das Okular gegen ein entsprechendes anderes mit zentrierter Zylinderlinse vertauscht und nun der Tubus gesenkt, bis das Objektivbild in die neue Brennebene der Okularlinse projiziert wird. Mit geringen Verzerrungen bis zu etwa dreimaliger Winkelvergrößerung der Zylinderlinsen habe ich keine sicheren Anhaltspunkte über ein Auftreten transversaler Wellen gewinnen können, obwohl ich bei geringeren Verzerrungen oft glaubte, an der Außenkontur Wellenzüge zu beobachten.

Erst bei viermaliger Verbreiterung des Gesichtswinkels[1] senkrecht zur Fadenrichtung nimmt man die Wellenzüge sicher wahr. Man sieht sie dann an sehr lebhaft kriechenden Fäden in einer Länge von etwa 5—7 Zellen über die Längskontur des Fadens laufen. Die Wellenberge und Wellentäler sind auf beiden Seiten gegensinnig gerichtet. Die Erscheinung ähnelt also der Peristaltik des Darmes (vgl. auch ULLRICH 1926, S. 305). Die Fadenmitte läßt außer den zum Teil noch scharf abgebildeten Quersepten keine Einzelheiten erkennen. Ich konnte daher keine Anhaltspunkte über den mutmaßlichen Querschnitt der Fäden gewinnen, wie sie sich (l. c.) an eintrocknenden Fäden ergeben hatten. Dafür laufen über die Fäden noch helle und dunkle Zonen mit etwa gleichem Abstande wie die Maxima und Minima der transversalen Wellen. Es ist mir nicht möglich, anzugeben, ob die dunklen Stellen an den seitlichen Verbuchtungen oder Einbiegungen liegen. Offenbar akkommodieren die Augen bei gleicher Mikroskopeinstellung doch auf etwas verschiedene Objektebenen, so daß man die beiden Beobachtungen nur nacheinander machen kann.

2. *Fall*: Um die Erscheinung objektiv wiederzugeben, habe ich mikroskopische Aufnahmen versucht. Sie scheiterten an Einstellungsschwierigkeiten sowie an Lichtmangel für die erforderlichen Momentaufnahmen von $1/25$ Sek. Belichtungsdauer. Man erhält aber von derartigen subjektiven Beobachtungen doch objektive Bilder, wenn man gewöhnliche Momentaufnahmen unter kleinem Winkel (etwa 25°) in der Richtung des Oscillarienfadens einäugig betrachtet, oder wenn man ein solches Negativ in dieser Stellung von neuem photographiert (vgl. Abb. 9a u. b).

Das kann nur im durchfallenden Licht geschehen. Da ich subjektiv die günstigsten Verzerrungen und damit die besten Eindrücke erhielt, wenn der Winkel des Negativs zur Betrachtungsrichtung kleiner als 45° war, wurde der Grenzwinkel der Totalreflexion für die Glasplatte des Negativs überschritten. (Vgl. die obige Linsenverzerrung, die einer viermaligen Gesichtswinkelvergrößerung in der Querrichtung des Fadens entspricht!). Deshalb versenkte ich das Negativ in einen rechtwinkeligen Glastrog aus planparallelem Glas, der mit Paraffinöl gefüllt war. So ist die beigegebene Abbildung entstanden, die die Transversalwellen der

---

[1] Gemessen als Abstände von Objektmikrometer-Linien in der Projektion.

Fadenkontur im Normalzustand objektiv gerade erkennen läßt. Sie zeigt aber ferner Erscheinungen, die denen bei der Linsenverzerrung beobachteten ähneln. Es laufen nämlich dunkle und helle Zonen über die Fadenmitte. Hier im Bilde kann man feststellen, daß es sich dabei um die Abstandsänderungen der Quersepten handelt, also um eine Erscheinung, die durch die Longitudinalwellen verursacht wird. Die dunklen Zonen entsprechen dem Minimum, die hellen dem Maximum der Wellenlängen.

3. *Fall*: Als dritte Möglichkeit war weiter oben die scheinbare Verkürzung von λ als ein Mittel zur Vergrößerung von α hingestellt worden. Sie schien physikalisch durchführbar. Um diesen Weg der Sichtbarmachung transversaler Wellen an unseren Objekten verständlich zu machen, muß der Verfasser zunächst die rein physikalischen Grundlagen erörtern.

Aus Versuchen von MIKOLA (1906) und LAMPA (1914) ist bekannt, daß man die wellenförmigen Schwingungen von Saiten mit Hilfe stroboskopischer Methoden sichtbar machen kann. MIKOLA projizierte dazu das Bild der Saite auf einen rotierenden, schwarzen Zylinder, dessen Achse in der Richtung der Saite lag, und der achsenparallel einige weiße Streifen in gleichem Abstande trug. LAMPA dagegen ließ dicht neben der schwingenden Saite eine Scheibe mit radialen Schlitzen rotieren und projizierte die Saitenbilder durch die bewegten Schlitze hindurch. Er erhielt so Wellenbilder, deren Wellenlängen mit zunehmender Umlaufgeschwindigkeit der rotierenden Achse immer kleiner wurden. MIKOLA fand dagegen Systeme von Wellen, die sich überlagerten. Freilich handelt es sich in beiden Fällen um stehende Wellen, so daß man die theoretischen Erörterungen beider Forscher nicht ohne weiteres als Unterlage für die Verhältnisse benutzen kann, wie sie z. B. die im Faden und vielleicht auch zum Substrat wandernden Wellen unserer Oscillarienfäden bedingen.

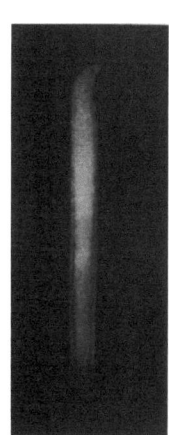

Abb. 9a.   Abb. 9b.
Abb. 9a u. b. Erklärung im Text.

Aber auch praktisch kann bei den mikroskopisch kleinen Organismen nicht auf dem Wege der genannten Forscher vorgegangen werden. Vielmehr kommt dafür nur die stroboskopische Methode in Frage, wie sie

METZNER (1920 I und II, sowie 1928) beschreibt. Dabei wird das mikroskopische Objekt durch Lichtblitze konstanter Frequenz beleuchtet und unter Vergrößerung beobachtet.

Wir wollen die Frequenz der Lichtblitze mit N bezeichnen, die Tourenzahl der rotierenden Scheibe pro Sekunde mit f und die Zahl ihrer das Licht durchlassenden Schlitze mit z. Dann ist $N = zf$.

Die Wellenlänge der longitudinalen sowohl als auch der transversalen Wellen unserer Objekte sei λ, die zugehörige Schwingungsdauer τ Sekunden, die Amplitude der Schwingungen in transversaler Richtung sei a. Stellen wir für die Elongationen y der transversalen Wellen die Gleichung auf, wobei wir die mittlere Lage aller Punkte der Außenkontur unserer Fäden als x-Achse betrachten, so ergibt sich zur Zeit t:

$$y = a \sin \frac{2\pi}{\tau} \cdot t.$$

Auf dem durch den nächsten Lichtblitz sichtbaren Bilde im zeitlichen Abstande $N = zf$ werden die entsprechenden Ordinaten y' durch folgende allgemeine Gleichung wiedergegeben:

$$y' = a \sin \frac{2\pi}{\tau}(t + zf).$$

Wir wollen nun zunächst fragen, unter welchen Umständen wir statt der wandernden Wellen stehende Wellen im Mikroskop beobachten werden. Offenbar dann, wenn die Werte der Ordinaten y und y' auf zwei aufeinander folgenden Bildern gleich sind, also wenn $y = y'$ oder:

$$a \sin \frac{2\pi}{\tau} \cdot t = a \sin \frac{2\pi}{\tau}(t + zf)$$

oder

$$a \sin \frac{2\pi}{\tau} \cdot zf = 0. \tag{1}$$

Die rechte Seite dieser Gleichung (1) ist dann 0, wenn $\tau = zf$, also in Worten: Wenn die Bildfrequenz gleich ist der Schwingungsdauer der Welle.

Genügen wir im Experiment dieser Gleichung, so können wir immer noch keine Wellen am Objektrande erkennen, weil dabei der Winkel α der Richtungsänderung im Verlauf der Außenkontur der Fäden zu klein ist. Wir wollen deshalb die Bildfrequenz verdoppeln, also $N = 2zf$ machen.

Unter diesen Umständen wird die Gleichung (1) nur gelten für das eine und jeweils übernächste Bild. Dazwischen wird eine ebensolche Folge von Wellenzügen liegen, die um π verschoben ist. Wir können also theoretisch zwei Wellenzüge beobachten. Machen wir $N = 3zf$, so werden entsprechend drei Wellenzüge auftreten, die um $\frac{2\pi}{3}$ gegeneinander verschoben sind. Allgemein: $N = vzf$, Zahl der Wellenzüge v, Verschiebung der Wellenzüge gegeneinander $\frac{2\pi}{v}$, wobei v stets ein ganzes Vielfaches von

zf sein muß. Jeder dieser Wellenzüge hat nach der Theorie die Amplitude a.

Nehmen wir nun an, daß zf nicht gleich τ bzw. einem ganzen Vielfachen von τ ist. Wir setzen die Abweichung als $\pm \gamma$ in Rechnung. Es soll also sein:
$$\tau = (zf + \gamma)$$
wobei γ sehr klein sei. Dann ist die Gleichung für die Ordinaten y der Welle zur Zeit t:
$$y' = a \sin \frac{2\pi}{\tau} t,$$
also wie oben. Die Ordinaten auf dem folgenden Bilde haben aber die Gleichung:
$$y' = a \sin \frac{2\pi}{\tau} (t + zf + \gamma).$$
Dürfen wir jetzt erwarten, daß die Ordinaten y und y' gleich sind? Setzen wir sie gleich, so erhalten wir:
$$-a \sin \frac{2\pi}{\tau} \gamma = a \sin \frac{2\pi}{\tau} zf.$$
Daraus folgt, daß diese Gleichheit von y nur bei einem einzigen Werte von γ erfüllt wird, nämlich, wenn $\gamma = zf$ ist.

Das ist kein neues Ergebnis. Es schließt aber aus, daß andere Fälle als die vorher erwähnten auftreten können, in denen stehende Wellen zur Beobachtung kommen. Nun ist aber noch zu klären, was im Falle einer Ungleichheit zwischen γ und zf zu beobachten sein wird. Es ist ohne weiteres ersichtlich, daß unter diesen Umständen die Ordinaten y auf den aufeinander folgenden Bildern nicht gleich sein können.

Besinnen wir uns nun darauf, daß wir bei allen bisherigen Überlegungen die Geschwindigkeit der Wellen im Faden dadurch als bekannt betrachtet haben, daß wir $zf = \tau$ setzten. In Wirklichkeit ist die Fortbewegung der Wellen ganz allgemein durch die Gleichung $c = \frac{t}{s}$ in Rechnung zu setzen. Es gehören nun zu gleichen Werten von y zwei Werte von x, nämlich $x_1 = ct$ und $x_2 = c(t + zf + \gamma)$.

Im Falle einer Abweichung zwischen zf und γ wandern also die beobachtbaren Wellen im mikroskopischen Gesichtsfelde. Weicht γ nur sehr wenig ab, so können wir erwarten, daß wir bei weiterer Erhöhung von N nach der Beobachtung stehender Wellen wandernde Wellen sehen werden, denen gleiche Bewegungsrichtung wie den ursprünglichen Wellen eigen ist. Langsam wird dann die Geschwindigkeit dieses Fortschreitens abnehmen, wenn wir N immer weiter vergrößern. Sobald die Wellen wieder zum Stehen kommen, tritt ein neues Wellensystem auf. Dann werden die Wellenzüge wieder wandern usw.

Diese Überlegungen gelten zunächst nur für kontinuierliche schwingende Punktreihen. In unseren Objekten haben wir es aber gar nicht mit solchen zu tun, denn jede Zelle liefert in ihrer Außenkontur eine Zone, die sich einheitlich gemäß dem Gesamtzustande der Zelle verhält. Daraus folgt, daß wir diskontinuierliche Beziehungen zwischen zf und τ bzw. λ am Objekt vorfinden werden. Manche Werte für ν in der Zahlenreihe werden also ausfallen müssen.

Der letzte der Beobachtung zugängliche Zustand der Verkürzung der Abstände der scheinbaren transversalen Wellen muß offenbar dann erreicht sein, wenn sich Nachbarzellen scheinbar gerade in entgegengesetzter Phase ihrer Durchmesseränderungen befinden. Die Amplitude a wird hierbei nicht in ihrer vollen Größe sichtbar werden. Es hängen ja der einen Seite der Welle die Zellkörper an, die im Auge durch Nachbilder einen Teil der seitlichen Ausschläge unterdrücken werden. Trotzdem aber wird der Winkel a, der die Richtungsänderung der Außenkontur angibt, größer werden und so möglicherweise vorhandene Transversalwellen hervortreten lassen müssen. Es handelt sich demnach in unserem Falle nicht wie bei LAMPA um ein Kürzerwerden der scheinbaren Wellenlänge, sondern um ein Überschneiden vieler Wellenzüge wie bei MIKOLAS Versuchsanordnung.

Wir finden also recht verwickelte Verhältnisse. Sie tragen dazu bei, daß die erhaltenen Zahlenwerte nicht ausgewertet werden können. Deshalb habe ich die Theorie der Bilder fortschreitender Wellen bei stroboskopischer Beobachtung hier nur soweit entwickelt, als sie zum Verständnis der beobachtbaren Erscheinungen erforderlich ist.

Die Theorie lehrt, warum der Verfasser früher bei Benutzung nur niederer Frequenzen der Lichtblitze nichts von einer Wellenbewegung im Oscillarienfaden erkennen konnte. Statt des von METZNER benutzten Schwachstrommotors wird deshalb ein leistungsfähigerer 110 V-Motor zum Antrieb der Blendscheibe benutzt, die genau den METZNERschen Angaben entsprechend hergestellt ist. Sie ist auf der langen Motorachse selbst befestigt. Der Motor wird durch eine Akkumulatorenbatterie gespeist, die zur Zeit der Versuchsanstellung nicht anderweit benutzt wird, also konstante Spannung besitzt. Die Umdrehungsgeschwindigkeit läßt sich durch Schiebewiderstände regulieren. Sie werden so gewählt, daß sie sich nur ganz leicht erwärmen. Sonst treten in ihnen Widerstandsänderungen auf, die auch Änderungen der Umdrehungsgeschwindigkeit der Motorachse im Gefolge haben. Die Tourenzahl wird durch einen Tourenzähler nach dem Zentrifugalprinzip bestimmt, der durch Schnurantrieb mit der Motorachse verbunden ist. Während der Beobachtungen lief er stets mit. Eine Hilfsperson las in den Momenten, die vom Beobachter genannt wurden, die Tourenzahl ab. Durch Kontrollen mit einem aufsetzbaren Tourenzähler und Stoppuhr war das Instrument auf seine Zuverlässigkeit mehrfach geprüft worden. Die übrige Apparatur entspricht der METZ-NERS. Als Lichtquelle diente eine 5 Amp.-Bogenlampe mit Handregulierung. Das Licht passiert zunächst wie immer eine ZEISSsche Kühlküvette mit Ferroammonsulfatlösung, wird dann stark konvergiert und tritt an der engsten Stelle des Strahlenkegels durch die Blendlöcher. Eine weitere Konvexlinse macht den Strahlengang etwa parallel und läßt ihn auf den Mikroskopspiegel fallen.

Nach verschiedenen Vergleichen wurden im Hellfeld bei rotem Licht die besten Ergebnisse erzielt, wobei nur das zentrale Licht bei schwächeren Vergrößerungen (bis Obj. 5, LEITZ) klare Bilder ergab. Durch die schnelle Folge der Lichtblitze tritt die unangenehme Erscheinung des Flimmerns, wie sie bei niederen Frequenzen stört, hier nicht auf, sobald die Lichtstärke nicht zu hoch gewählt wird. Die Richtung der Fäden soll im mikroskopischen Bilde aus physiologisch-optischen Gründen parallel zur Medianebene des Beobachters liegen, denn wir hörten bereits früher, daß in solcher Lage der Grenzwinkel für die Wahrnehmung von Richtungsänderungen am kleinsten ist.

Bringt man nun Fäden von *O. sancta* (var. *caldariorum*?), die sich lebhaft bewegen, bei etwa 20⁰ C oder noch etwas höherer Temperatur ins Gesichtsfeld der eben beschriebenen Apparatur, so treten bei bestimmten Frequenzen der Lichtblitze deutliche Einkerbungen der Außenkontur der Fäden hervor. Schon bei nur 11⁰ und an nur sehr schwach beweglichen oder unbeweglichen (abgetöteten) Fäden bleibt die Erscheinung aus.

Beispielsweise sei eine Versuchsreihe mitgeteilt, wo die angegebenen Frequenzen der Lichtblitze insbesondere stehende Wellen sichtbar werden ließen:

$N = z/: 70{,}0 +++, 60{,}3 +++, 54{,}3 ++, $ etwa $43{,}5 ++, 40{,}0 ++,$
$36{,}4?, 31{,}1 +, 25{,}7?, 22{,}2?.$

Es bedeutet: $++$ Außenkontur sehr deutlich perlschnurartig gegliedert; kein Zeichen gerade noch erkennbar wellig; ? unsicher, ob wirklich Wellen sichtbar.

Diese Angaben zeigen, wie bei hohen Frequenzen sich das Auftreten transversaler Wellen bemerkbar macht, während niedere Frequenzen keine sichtbaren Entscheidungen zulassen. Bei $N = 43{,}5$ betrug die *scheinbare* Wellenlänge noch etwa 3—4 Zellen, bei $N = 70{,}0$ nur etwa 2 Zellen. Genaueres war bei den geringen Vergrößerungen und infolge vorhandener Unregelmäßigkeiten nicht zu entscheiden. Eine weitere Frequenzsteigerung als $N = 70{,}0$ habe ich ohne störende Schwankungen der Umdrehungszahl des Motors nicht erreichen können. In den Intervallen von N, wo keine stehenden Wellen beobachtet wurden, trat langsames bzw. schnelleres Wandern der Wellen in einer der Fadenfortbewegung entgegengesetzten Richtung ein. Die perlschnurartigen Erscheinungen erstreckten sich beiderseits bis dicht an die Fadenspitze. Schätzungsweise 6—8 Zellen wurden davon nicht mehr betroffen, ob infolge Fehlens von Gestaltsänderungen dieser Zellen oder infolge der stark ausbauchenden Zellform, kann nicht angegeben werden. Leider konnten die Erscheinungen auch infolge zu geringer Lichtintensität nicht photographisch festgehalten werden, da die Belichtungszeit wegen der Fortbewegung der Fäden nicht beliebig verlängert werden kann.

Im Dunkelfelde habe ich an den Längswänden der Fäden keine solchen Erscheinungen zu Gesicht bekommen. Dafür ließ sich aber an den Querwänden im roten Licht gelegentlich ein Wandern von Longitudinalwellen in entgegengesetzter Richtung wie die Fadenfortbewegung erkennen, eine Erscheinung, die auch im roten Hellfelde auftritt. Doch wird die Eindringlichkeit der Erscheinung im Dunkelfelde verständlich, wenn man in Abb. 10 die allerdings mit Pepsin-HCl behandelten Fäden betrachtet. Es ist deutlich zu erkennen, daß zwar die Querwände scharf als dunkle Streifen zwischen den anliegenden ,,Körnchen" erkennbar sind, die Wiedergabe der Längswände läßt aber im Dunkelfelde (LEITZscher bicentrischer Kondensor Apert. 1,2, Obj. 7 mit Irisblende, blaues Licht, Agfa Chromoisorap.) zu wünschen übrig. Sie werden nämlich in leuchtende, kurze Striche aufgelöst.

Ganz ähnliche Beobachtungen wie die eben beschriebenen ergaben sich an einer schmalen Oscillarie, die nicht eindeutig bestimmt werden konnte[1]. Die Erscheinungen an dieser Art besonders zu beschreiben, erübrigt sich. Nur die quantitativen Werte wichen ab.

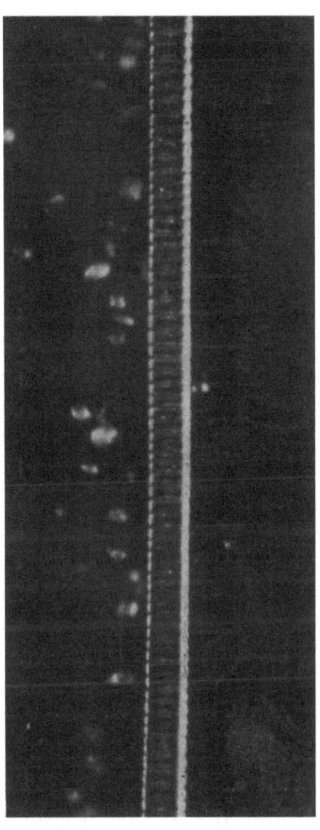

Abb. 10. Kurze Zeit mit Pepsin-HCl (p_H 1,8) behandelter Faden von *O. sancta* im Dunkelfeld. (Näheres im Text.)

d) Die Oscillarienwellen sind Variationswellen.

In fast allen Fällen der Untersuchung, wo a experimentell vergrößert wurde, haben sich also Transversalwellen nachweisen lassen. Sie besitzen allerdings eine *außerordentlich kleine* Amplitude. Wollen wir über deren Größenordnung jetzt eine genauere Vorstellung gewinnen als sie auf S. 168/169 etwa errechnet wurde, so müssen wir ein Längenmaß dafür mit

---

[1] Herrn Dr. GEITLER, Wien, danke ich für seine Bemühungen um die Bestimmung.

Hilfe der Winkelgröße der Richtungsänderung der Außenkontur errechnen. Als allerhöchster Wert kommt für den Fall, daß Transformationswellen vorliegen sollten, für *O. sancta* etwa 0,12 μ als Amplitude, als gesamte Durchmesseränderung der Zellen während eines Wellendurchganges also 0,24 μ in Frage. Das ist eine Größe, die etwa gerade bei der des Unterscheidungsvermögens für Punkte im Mikroskop liegt, wo etwa 0,3—0,4 μ (für Immersionssysteme) ermittelt wurden. Erst bei diesem Vergleich dürfte verständlich werden, warum bisher bei den üblichen Untersuchungsmethoden die Transversalwellen nicht wahrgenommen werden konnten[1].

Im Hinblick auf eine genauere Abschätzung der Größenordnung der Amplituden solcher Transversalwellen war es wünschenswert, diesen Grenzwinkel nicht nur rechnerisch aus Beobachtungen anderer Autoren an nur ähnlichen Körpergrenzen festzulegen, sondern vielmehr ihn direkt an möglichst formgetreuen Modellen zu bestimmen.

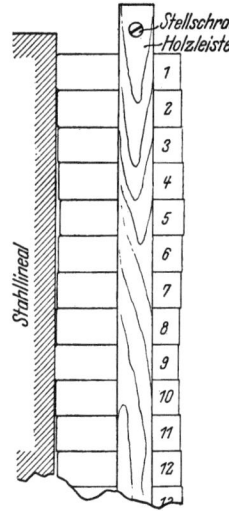

Abb. 11. Erklärung im Text.

Zu diesem Zwecke schnitt ich Querstreifchen von 2 cm breiten Streifen dünnen, weißen Kartons ab. Die eine Stirnfläche wurde mit größter Sorgfalt rechtwinkelig zu den parallelen Seitenwänden geschnitten. Die Ecken an diesen Seiten wurden so gestutzt, daß sich eine Schnittlinie mit 1 mm Länge ergab (vgl. Abbild. 11). Durch Aneinanderlegen solcher Streifen wurde eine Längskante des Fadens der *Oscillatoria sancta* nachgeahmt. Die Streifen können zwischen zwei Holzleisten eingespannt und gegeneinander verschoben werden. Durch Anlegen aller Streifen mit ihren Schmalseiten an ein eisernes Lineal können die Stirnseiten genau ausgerichtet werden. Man zieht der Reihe nach die Streifen um 0,1, 0,2, 0,3 usw. Millimeter zurück und stellt diese Entfernungen mit einer Spaltlehre genau ein. Schließlich werden die so nachgeahmten Transversalwellen der Oscillarien durch Festklemmen der Pappstreifen zwischen den zwei Holzleisten fixiert und nun aus 7 m Entfernung im dunklen Raume gegen dunklen Hintergrund einäugig beobachtet, wenn sie das Licht einer 60 Watt-Nitralampe beleuchtet. Für Abblendung gegen den Beobachter ist dabei zu sorgen. Unter diesen Umständen entspricht die Größe des Modells etwa einem Gesichtswinkel, wie er sich bei 200facher Vergrößerung für die Zellen der *O. sancta* ergibt.

---

[1] Vgl. HOFMANN I, S. 96: „Die Grenze für das Erkennen von Zacken an einer geraden Kontur bewegt sich demnach in derselben Größenordnung wie die für die Sonderung zweier Striche voneinander".

Von mir sowie von einigen anderen Versuchspersonen wurde so festgestellt, daß man bei Einstellung von 16 bzw. 24 Streifen auf 8 „Zellen" lange „Wellen" bereits Richtungsänderungen der „Außenkontur" nicht mehr ganz sicher erkennen kann, die einem Winkel α von 50′ entsprechen. Von $\alpha = 35'$ an hat sich nur einmal von 6 Proben ein richtiges Resultat ergeben. Bei $\alpha = 25'$ war keine Wellennatur der Konturen mehr festzustellen. Dieser Wert stimmt mit dem aus der Literatur (verschiedene Beobachter, angeführt von Hofmann [1]) errechneten also gut überein.

Wir mußten tg α vervierfachen, um gerade die Transversalwellen sicher erkennen zu können. Nehmen wir also wegen der Struktureigentümlichkeiten der Längsmembran unserer Versuchsobjekte den Grenzwert der Wahrnehmbarkeit von Richtungsunterschieden mit 25′ an, so ergibt sich für $r'-r$ etwa 0,03 μ (vgl. dazu Abb. 6). Höchstwahrscheinlich liegt die wirkliche Größenänderung diesem unteren Grenzwerte näher als dem oberen, da er aus den Beobachtungen errechnet ist. Die Zelldurchmesser dürften sich demnach um etwa 0,5% ändern. Für volumkonstante Wellen müßte sich etwa 2% ergeben. *Aus der Rechnung geht also mit größter Wahrscheinlichkeit hervor, daß die Longitudinalwellen bei O. sancta Variationswellen sind, die durch Änderungen des Zellvolumens zustande kommen.*

Das gleiche haben die Überlegungen auf S. 167 bereits für *O. jenensis* wahrscheinlich gemacht. Im Falle einer Volumkonstanz müßte bei dieser Art die Beobachtung der Transversalwellen ohne weiteres möglich sein. Berechnungen auf Grund von Beobachtungen konnte ich für diese Art leider nicht mehr anstellen, da inzwischen meine Kulturen zugrunde gegangen waren.

Neuerdings dürfte es allerdings möglich werden, die Amplituden der transversalen Wellen direkt auf interferometrischem Wege messen zu können mit Hilfe eines von Gerhardt beschriebenen Apparates, der zur Messung kleinster Teilchen bis 0,02 μ geeignet sein soll.

III. Membranbau und Bewegung bei Oscillatoria sancta.
a) Einleitendes.

Oscillatoria jenensis zeigt einige Eigenschaften, die besonders bei Filmaufnahmen recht stören. Besonders sind die Quersepten im Filmbilde schwer darzustellen. Die Zellen sind sehr kurz im Verhältnis zu ihrer Breite. Dadurch werden die Stereoeindrücke bei der Kombination aufeinander folgender Kinobilder sehr gering. Schließlich ist bereits 1926 vom Verfasser darüber berichtet worden, daß die Querwände unter dem Einfluß der Longitudinalwellen leichte, unter besonderen Umständen aber eben sichtbare Durchbiegungen erfahren. Gerade das stört eine einwandfreie Stereoskopie ganz besonders stark.

Oscillatoria sancta hat solche hinderlichen Eigenschaften nicht aufzuweisen. Die Zellen sind hier länger im Vergleich zum Durchmesser. Die Quermembranen lassen sich im Laufbilde mit aller wünschenswerten Schärfe wiedergeben, wie die beigegebene Abbildung bezeugt (vgl. Abb. 2). Es haben sich auch bei verlangsamter Bewegung niemals Durchbiegungen der Quersepten nachweisen lassen. Dafür muß man beim Arbeiten mit diesem Objekt in Kauf nehmen, daß wir über den Zellbau dieses Organismus bisher nicht speziell unterrichtet sind. Für eine weitere Analyse des Bewegungsvorganges muß daher eine Untersuchung erst durchgeführt werden, die sich in Anbetracht des Zweckes auf einige wesentliche Gesichtspunkte beschränken kann. Es gilt besonders zwei Fragen aufzuklären: 1. In welcher Beziehung stehen die Zellmembranen zum Bewegungsvorgange? 2. In welcher Weise ist der Protoplast am Bewegungsvorgange beteiligt? Im Rahmen dieser Mitteilung soll zunächst nur zum Teil die erste Frage erörtert werden.

b) Die Zellmembranen von Oscillatoria sancta.

Osmotische Versuche zeigen, daß auch der *Oscillatoria sancta* wie offenbar allen Oscillatorien „kontraktile Eigenschaften" im Sinne SCHMIDS zukommen. Dabei lassen Plasmolyseversuche auch mit ganz stark hypertonischen Lösungen (z. B. Rohrzucker 50%) oft keine Abhebung der Protoplasten erkennen. In den Fällen, wo man bei oberflächlicher Beobachtung solche Abhebungen zu erkennen glaubt, lehrt die Anwendung maximaler Vergrößerungen bei hohem Auflösungsvermögen (ZEISS, Apochromat Apert. 1,4), daß auch Einfaltungen der Längsmembranen solche Abhebungen vortäuschen können (vgl. unter anderen auch die Erscheinung der Pseudoplasmolyse PRÁT 1925). Es ist mir nicht möglich, für diese Art anzugeben, ob man echte Plasmolysen mit Rohrzucker erzielen kann.

Unter solchen Umständen taucht die Frage auf, ob die Elastizität der Fäden ausschließlich durch die Membranen bedingt ist oder allein durch die Protoplasten, oder ob beide durch innigen Zusammenhang miteinander auch zusammenwirken. In den beiden letzten Fällen müßte man den Protoplasten selbst „kontraktile" Eigenschaften zuschreiben, obwohl dafür keinerlei Anhaltspunkte existieren, insbesondere fibrilläre Strukturen nicht sichtbar sind (vgl. SCHMID 1923, ULLRICH 1926, S. 296).

Deshalb ist es zunächst wichtig, den Membranbau kennen zu lernen. G. KLEIN (1915) hat für manche Arten von Blaualgen gezeigt, daß sie Zellulose bilden, die sie besonders in den Heterocysten oder in den Scheiden ablagern. Im übrigen nimmt er auf Grund seiner chemischen Untersuchungen mit größeren Materialmengen an, daß die Membranen aus Pektinstoffen bestehen, die mit manchen Hemizellulosen nahe verwandt sind. Dann erscheint es im Einklang mit den Folgerungen A. FREYS (1926), wenn man im Polarisationsmikroskop z. B. an *Oscillatoria jenensis* (nach SCHMID 1921) keine Doppelbrechungserscheinungen beobachtet. Pektinstoffe und die meisten Hemizellulosen sind isotrop und auch im Röntgendiagramm amorph.

Legt man aber Fäden von *Oscillatoria sancta* zwischen gekreuzte Nikols in Diagonalstellung, so leuchten besonders die Quersepten auf, während die Längswände im Vergleich mit den Querwänden nur ganz schwache Aufhellung erkennen lassen. SCHMID gibt für die Längswände der *Oscillatoria jenensis* dasselbe an, deutet aber diese Beobachtung als Reflexerscheinung (1921, S. 600). Die Beobachtungen an *O. sancta* weisen darauf hin, daß zwischen dem Bau der Längswände und dem der Quersepten grundsätzliche Verschiedenheiten vorliegen, die einer Klärung bedürfen, weil sie mit den Variationswellen in beweglichen Fäden in Zusammenhang stehen könnten.

Mikrochemie der Zellwände.

An frischen Fäden konnten mit Chlorzinkjod und mit Jod-H_2SO_4 keinerlei eindeutige Färbungen erhalten werden. Bei Behandlung mit Eau de Javelle lösten sich sowohl die Längs- als auch die Quermembranen, letztere viel langsamer. Nur an den Endzellen und Bikonkavzellen (vgl. KLEIN 1915) bleiben die Querwände erhalten, erscheinen aber weniger lichtbrechend. In diesen Zellen dürfte also die Wand teilweise aus Zellulose bestehen, die der Zerstörung durch Eau de Javelle nicht anheimfällt. Die Chlorzinkjodreaktion habe ich nach einer Behandlung mit Eau de Javelle leider nicht anstellen können, da die Fäden zerfielen. Möglicherweise wird sie im Normalzustande nur durch Begleitstoffe verhindert (vgl. auch später S. 187).

KLEIN (1915) gibt an, daß er mit Jodlösungen in vielen Fällen eine Rotviolettfärbung der Membranen erhalten hat, eine Reaktion, wie sie z. B. auch Agar liefern kann. Pektinstoffe bleiben in Jodlösungen ungefärbt. Der Verfasser hält es daher ähnlich wie KLEIN und KRENNER (1925) für möglich, daß in den Membranen der Oscillarien vielleicht pektinähnliche Hemizellulose enthalten sein könnten. Zur Entscheidung dieser Frage empfiehlt es sich, mit Cytasen an eine mikrochemische Untersuchung der Membranen heranzugehen, weil die Verquellung in Eau de Javelle Zweifel an dieser Annahme aufkommen lassen kann (vgl. ULLRICH 1926).

Da die Beschaffung eines reinen Cytase-Präparates Schwierigkeiten bereitete, benutzte ich als fermenthaltiges Substrat frischen hellen Kirschgummi. Dieser enthält nach GRÜSS (1912) nicht in allen Fällen wirksame Cytase. Die Wirksamkeit kann man aber durch Auflösen der sekundären Wandschichten mancher Kotyledonen von Leguminosen feststellen. Besonders eignet sich dazu *Lupinus hirsutus*, wo in den Zellecken charakteristische Verdickungen aus Galaktan vorkommen. Von drei entnommenen Proben Kirschgummi enthielt nur eine offenbar sehr wirksame Cytase, da bereits nach einer Woche sich die sekundären Wandschichten des Testobjekts aufgelöst hatten (Zimmertemperatur).

In diesen cytasehaltigen Kirschgummi schloß der Verfasser lebende *O. sancta*-Fäden unter Beigabe von Thymol als Desinfiziens ein. Bereits nach einer Woche waren in den Präparaten die Längsmembranen aufgelöst. Die Quermembranen überragen dann etwas die seitlich freigelegten Protoplasten und lassen bei Einstellung auf den optischen Schnitt eine Randverdickung erkennen. Die beigegebene Skizze erläutert diese Beobachtungen (Abb. 12) Jetzt lassen sich die Fäden durch ganz geringe Deckglasberührungen in ihre Zellelemente zerlegen. Zum Teil ist dieses Auseinanderfallen auch spontan eingetreten. Die Querwände werden auch bei längerer Behandlung mit dem Kirschgummi nicht weiter gelöst. Sie erscheinen in der Seitenansicht gerade oder durchgebogen und sind etwas weniger lichtbrechend als vor der Behandlung. Im Polarisationsmikroskop sind sie in der Diagonalstellung noch deutlich doppelbrechend. In der Aufsicht läßt sich aber an den Querwänden keine Doppelbrechung nachweisen. Die Auslöschung erfolgt in der Orthogonalstellung. Es liegt also ein Verhalten vor, wie es optisch-einachsige Kristalle zeigen. Selbst in der Aufsicht unter Einschalten eines Gipsblättchens Rot I läßt sich keine Doppelbrechung nachweisen. Völlig gleichartig verhalten sich die Quersepten optisch nach der Eau de Javelle-Behandlung, solange sie noch nicht aufgelöst sind.

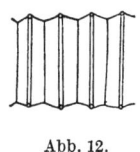
Abb. 12.
Erklärung im Text.

Werden die *O. sancta*-Fäden vor der Cytasebehandlung in kochendem Wasser abgetötet, dann 1 Stunde am Rückflußkühler mit Alkohol ausgelaugt, schließlich 24 Stunden mit Äther sulf. und darauf desgleichen mit Chloroform behandelt und so wohl vollkommen entfettet, so zeigt sich nichts wesentlich Neues. Die Quersepten bleiben auch hier gegen das benutzte Cytasepräparat resistent. Fettgehalt kann sie also normalerweise nicht vor der Auflösung schützen. Da das benutzte Kirschgummi Zellulosefaser (entfettete Watte) während der Untersuchungsdauer ebenfalls nicht zerstörte, käme als Substanz der Wand Zellulose in Frage, zumindest aber eine andere cytaseresistente Substanz, die die Doppelbrechungserscheinungen direkt oder indirekt bewirkt.

c) Das optische Verhalten der Membranen.
1. Optik der Quersepten[1].

Eingehendere polarisationsoptische Studien sind normalerweise nicht möglich, weil die den Quersepten anliegenden Protoplasten die Beobach-

---

[1] Die genaue Untersuchung der Doppelbrechungserscheinungen erfolgte an einem großen mineralogischen Stativ von SEIBERT, das mir Herr Dr. LÜCK zur Verfügung stellte, wofür ich auch hier meinen Dank bekunde.

tungen stören. Diesem Übelstande ist nur abzuhelfen, wenn es gelingt, die Protoplasten ohne Zerstörung des Gefüges der Zellwände zum Schrumpfen oder gar zur Auflösung zu bringen. Wieder scheinen für diesen Zweck Fermente besonders geeignet, da sie streng spezifisch wirken. Trypsin kommt für eine Verdauung der Zellleiber nicht in Frage, weil bei der leicht alkalischen Reaktion, die seine Anwendung erfordert, die Zellwände der Oscillarien quellen.

Dafür läßt Pepsin bessere Ergebnisse erwarten.

Frisches Pepsin in Pulverform (GRÜBLER, Leipzig) wurde zu 0,25% in einem HCl—KCl-Puffer gelöst, $p_H = 1,8$ (nach CLARK und LUBS, vgl. KOLTHOFF S. 42). Damit wurden (als Serien I) Präparate hergestellt und bei 37⁰ im Thermostaten gehalten. Parallel dazu wurde ebenso mit abgekochter Fermentlösung (Serien II) und mit HCl—KCl-Puffergemisch allein (Serien III) verfahren. Schließlich wurde jede Serie noch mit verschieden vorbehandeltem Material beschickt: a) mit frischen, lebenden Fäden, die direkt der Kultur entnommen wurden; b) mit Fäden, die 5 Minuten in destilliertem Wasser abgekocht worden waren; c) mit nach der oben angegebenen Methode entfetteten Fäden, weil möglicherweise ein Lipoidgehalt der äußeren Protoplastenschichten die Verdauung durch Pepsin behindern konnte (vgl. ULLRICH 1924). Die gleiche Untersuchung wurde an größeren Materialmengen unter mehrmaligem Lösungswechsel wiederholt.

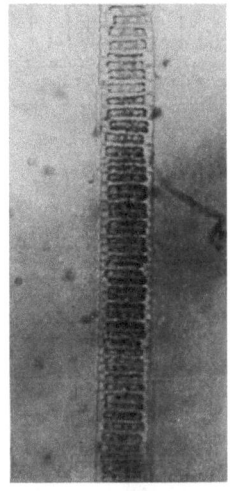

Abb. 13. Mit Pepsin-HCl lange Zeit behandelter Faden von *O. sancta*. Die Protoplasten sind geschrumpft. Die Längswände liegen vollkommen frei, die Querwände nur zum Teil.

Die gewünschten Protoplastenschwunde treten erst nach 11 Tagen in den Serien I a und I c ein, während die übrigen Präparate keine wesentlichen Veränderungen erkennen lassen. Nach weiteren 22 (!) Tagen sind die Querwände durch Schrumpfungen der Protoplasten soweit freigelegt, daß die polarisationsmikroskopischen Strukturuntersuchungen einwandfrei erfolgen können (vgl. Abb. 13).

Als Lichtquelle dient bei den Beobachtungen die Liliput-Bogenlampe, deren Licht die ZEISSsche Kühlküvette passiert. Da das Lichtfilter aber die Polarisationstöne etwas verändert, wurden bei den Untersuchungen mit Gips Rot I und Glimmer $^1/_4 \lambda$ nur bei Wasserkühlung (6 cm Schicht) vorgenommen. Statt der gebräuchlichen Dochtkohlen empfiehlt es sich ferner, Massivkohlen zu brennen und so eine Lichtquelle mit normaler Energieverteilung herzustellen. Sonst stören wieder Abweichungen in den Polarisationstönen die Beobachtungen. Bei schwachen Vergrößerungen kommt man übrigens oft mit einer hochkerzigen Nitralampe aus.

(Vgl. dazu auch RINNE S. 115, wo die Verwendung starker Lichtquellen bei schwacher Doppelbrechung empfohlen wird.)

In Diagonalstellung zeigen nach Pepsin-HCl-Verdauung *nur* die Quersepten deutliche Doppelbrechung. Die Längswände sind überhaupt nicht wahrzunehmen. Jede Querwand leuchtet in der Mitte am stärksten auf. Nach dem Rande zu nimmt die Intensität der Doppelbrechung ab, eine Erscheinung, die sich wohl vollkommen mit der Kreisgestalt der Quersepten erklären läßt. Die Beobachtungen gibt die beigegebene Photographie wieder. Man erkennt auf ihr ferner, daß in der Fadenmitte etwa jede vierte Wand stärker aufleuchtet. Zwischen zwei stark aufgehellten Querwänden liegen drei schwächer doppelbrechende. Deren mittlere ist aber wieder deutlich etwas stärker doppelbrechned wie die beiden seitlich von ihr gelegenen Wände. Die beigegebene Skizze gibt schematisch dieses Verhalten wieder (Abb. 14). Es besteht also auffallende Übereinstimmung mit dem Teilungsrhythmus der Oscillarien wie ihn GEITLER (1925, S. 14, Abb. 21) schematisch darstellt. Also tritt *mit zunehmendem Alter der Querwände* auch eine *Intensitätszunahme der Doppelbrechung* ein.

Abb. 14. Schematische Darstellung der Stärke der Doppelbrechung in den Quersepten.

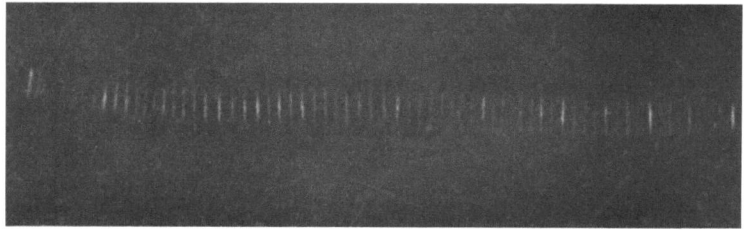

Abb. 15. Erklärung im Text.

Legt man den Oscillarienfaden durch die +- Quadranten (Bezeichnungen nach RINNE), so liegen die Quersepten in einer Richtung senkrecht dazu, also mit ihrer Längsachse in Richtung durch die ---Quadranten. In diesem Falle färben sich ihre Mitten bei Anwendung des Gipsplättchens Rot I gelb. Geht die Fadenrichtung durch die ---Quadranten, die Längsrichtung der Quersepten also durch die +-Quadranten, so tritt als Additionsfarbe in ihrer Mitte Blau I auf. Am Rande zeigt sich dann ganz schwach die gelbe Farbe. Weiter nach der Mitte zu liegt eine neutrale Zone, die in der Photographie (vgl. Abb. 14) an einigen Stellen sogar zu erkennen ist. Sie ist aber sehr schwach und auf den Aufnahmen auch leicht zu übersehen. Auf Grund der Additions- und Subtraktionsfarben ist zu schließen, daß die Indexellipsoide in den Quersepten mit ihrer längsten Achse des Oscillarienfadens parallel laufen, die kürzere Achse also in die Richtung der Quersepte zu liegen kommt. Beobachten wir nunmehr die sehr schwachen Randfärbungen. Sie verhalten sich entgegengesetzt wie die der Mitte. Die Indexellipsoidachsen, die beide kleiner sind als die in der Längsrichtung des Fadens verlaufende Achse, stehen demnach senkrecht zur längsten Achse. Die kleinste läuft tangential, die mittlere radial. Wir haben also den Fall Nr. 5 vor uns, den NÄGELI-SCHWENDENER (1877) auf Seite 346 anführen. Da die neutrale Zone so gelegen ist, daß die tangentiale und radiale Achse fast senkrecht aufeinander zu stehen scheinen, da ferner die Längen der Achsen auf Grund der Färbungen mit Rot I nur ganz geringe Unterschiede aufweisen müssen, könnte man annehmen, daß man es mit optisch einachsigen Gebilden zu tun hat, die die Doppelbrechung verursachen. Deren optische Achse muß dann der Fadenrichtung parallel laufen (Fall Nr. 7 l. c.). Dafür spricht auch, daß es in der Aufsicht nicht möglich ist, Doppelbrechung nachzuweisen; denn das läßt auf einen fast optisch radiären Bau des optisch aktiven Körpers senkrecht zur Beobachtungsrichtung schließen. Allerdings sind die Querwände sehr dünn, so daß ganz geringe Unterschiede vielleicht nicht bemerkt würden.

Vergleicht man mit diesen Beobachtungen die Angaben A. FREYs über die Zellulosemicelle, so findet sich eine recht gute Übereinstimmung. Nach diesem Forscher (1926, S. 201 ff.) ist die Zellulosemicelle fast als optisch einachsig aufzufassen. Zellulose könnte also die Substanz sein, die die Doppelbrechung erzeugt, zumal KLEIN ihr Vorkommen in den Wänden verwandter Algen festgestellt hat. Die Hauptachse des Indexellipsoids liegt bei der Zellulosemicelle parallel deren Längsachse. Die Micellen müssen also mit ihrer Längsachse parallel der Fadenachse orientiert sein. Solchen Annahmen steht das Ausbleiben der Chlorzinkjodreaktion entgegen. Wir wissen aber wieder durch A. FREY über die Natur der Chlorzinkjodreaktion (1927), daß sie höchst wahrscheinlich durch gerichtete Adsorption des Jods an der Zellulosemicelle zustande kommt. In unserem Falle liegen die Zellulosemicellen offenbar sehr weit voneinander ab, und dazwischen findet sich eine Grundsubstanz, die zum Teil aus pektinähnlichen Hemizellulosen bestehen muß. Die Chlorzinkjodreaktion, die wir an den Querwänden erwarten sollten, muß deshalb außerordentlich schwach ausfallen. FREY hat ferner am Dichroismus der Reaktion im polarisierten Lichte gezeigt, daß man neben der Zellulose in Zellwänden andere Stoffe durch Jodfärbungen nachweisen kann, wenn man über dem Polarisator das Absorptionsminimum aufsucht. Umgekehrt dürfte es auch möglich sein, nach Chlorzinkjodbehandlung des Objekts das Absorptionsmaximum über den Polarisator aufzusuchen und aus seinem Auftreten und seiner Lage zu den Achsen des Indexellipsoids auf Zellulose zu schließen. Da die Richtung der stärksten Lichtabsorption mit der Längsachse der Zellulosemicelle, diese wieder mit der größten Achse des Indexellipsoids zusammenfällt (vgl. FREY 1926), ist nach den bisher mitgeteilten Erfahrungen die maximale Auslöschung dann zu erwarten, wenn der *O. sancta*-Faden in der Schwingungsebene des Polarisators liegt.

Experimentell wurde diese Frage an frischen Fäden geprüft. Die Objekte gelangten in der Chlorzinkjodlösung zur Untersuchung am Polarisations-Mikroskop bei ausgeschaltetem Analysator sowohl mit schwachen als auch starken Vergrößerungen. Dabei erscheinen auch nicht eingeweihten Beobachtern die Quersepten bei Einstellung auf den optischen Schnitt dann hell, wenn die Fäden senkrecht zur Schwingungsebene liegen, deutlich dunkel, wenn sie parallel dazu gerichtet sind. Lebende Fäden ohne Vorbehandlung zeigen diese Erscheinung nicht. Das Experiment stimmt also mit den obigen Überlegungen überein. Deshalb ist das Vorkommen von Zellulose in den Quersepten von *O. sancta* anzunehmen. Ihre Micelle sind einzeln oder gruppenweise in einer Grundmasse eingebettet, die vielleicht teilweise der Cytasebehandlung widersteht, aber zumindest in den jungen Quersepten durch Eau de Javelle verquollen wird.

In den Endzellen der Fäden war auf diesem Wege keine Verdunkelung der Wände zu erkennen. Diese Wandstellen sind sehr stark gekrümmt. Ihre lichtbrechenden Zellulosemicellen liegen also nur zum kleinsten Teile in der Schwingungsebene des Polarisators, wenn diese der Fadenachse parallel läuft. Damit ist das scheinbar abweichende Verhalten wohl vollständig erklärbar. Man kann daher die KLEINschen Feststellungen über das Auftreten von Zellulose in manchen Endzellen auch auf *O. sancta* ausdehnen. Eine nähere Untersuchung der Endzellen auf optischem Wege ist vorläufig unterblieben, weil sie für die weitere Analyse der Bewegungsmechanismen keine besonderen Ergebnisse erhoffen läßt.

Dagegen ist eine weitere Untersuchung der Optik normaler Quersepten durchgeführt worden. Zunächst ist wahrscheinlich, daß die parallele Lagerung der Zellulosemicelle in der Richtung der Fadenachse bei seitlicher Beobachtung Stäbchendoppelbrechung verursachen wird, wenn die isotrope Zwischensubstanz einen Brechungsexponenten besitzt, der von denen der Zellulose in Richtung senkrecht zur optischen Achse abweicht. Darüber können nur Messungen der Doppelbrechung Aufschluß geben. Sie können an lebenden Fäden durchgeführt werden, wenn man die Doppelbrechung der Quersepten mit dem SÉNARMONTschen Kompensator bestimmt (vgl. hierzu AMBRONN-FREY S. 63ff.). Weiter oben wurde bereits angeführt, daß die Stärke der Doppelbrechung nicht für alle Quersepten die gleiche ist. Daher erhält man bei den Ablesungen am Teilkreis des aufsetzbaren Analysators größere Schwankungen, je nachdem, für welche Quersepten man die Auslöschung beobachtet. Ich habe deshalb Mittelwerte aus je 10 Ablesungen errechnet, die für die mittlere Doppelbrechung aller Septen gelten. Das Material wurde an zwei aufeinander folgenden Tagen derselben Kultur entnommen, so daß wesentliche Altersunterschiede und zufällige Zustandsänderungen soweit als möglich vermieden sind.

Als Mittel der Ablesungen ergab sich, wenn lebende Fäden beobachtet wurden, 2,7° Drehung des Analysators. Das entspricht einer spezifischen Doppelbrechung $n_\gamma - n_\alpha = 0,00076$, wenn der Fadendurchmesser im Mittel mit 11,3 μ gefunden wird. Eine zweite Bestimmung ergab 0,00072. Beide Werte weichen also nur wenig voneinander ab (weißes Licht, λ im Mittel mit 0,55 μ angenommen). Diese Feststellungen bestätigen ferner die Beobachtungen über die Lage der Zellulosemicellen, wie sie bereits mit Rot I. ermittelt wurden.

Nach Pepsin-HCl-Verdauung beträgt der gleiche Wert 3,1° Drehung des Analysators im gleichen Sinne. Unter Berücksichtigung der mittleren Dicke ($=10,8\mu$) der dabei benutzten Fäden errechnet sich die spezifische Doppelbrechung $n_\gamma - n_\alpha = 0,00087$. Man kann sich diese Zunahme der spezifischen Doppelbrechung in zweierlei Weise erklären:

Einmal könnte Pepsin-HCl aus den Quersepten Substanzen herausgelöst haben, die einen Brechungsexponenten besitzen, der dem der Zellulose näher liegt als dem der restierenden Zwischensubstanz. Hierfür kämen vor allem Eiweißkörper in Frage, die allein der Pepsin-HCl-Verdauung anheimfallen können.

Die zweite Deutung besteht darin, daß die Grundsubstanz der Quersepten in lebenden Fäden durch den Binnendruck seitlich dilatiert wird. Erlangt sie dabei ein akzidentelles Brechungsvermögen, das dem der normalen Doppelbrechung durch die Zellulosemicellen entgegengesetzt ist, dann müßte die längere Achse des durch Dehnung erzeugten Indexellipsoids in der Ebene der Quersepten liegen. Im lebenden Faden resultiert dann eine Gesamtdoppelbrechung, die geringer ist als bei vollkommen entspannter Querwand. Nach der Pepsin-HCl-Behandlung ist der Binnendruck durch das Schrumpfen der Protoplasten aufgehoben, damit zugleich die akzidentelle Doppelbrechung der Quersepten.

Es wurde auf experimentellem Wege versucht, zu entscheiden, welche Deutung die richtige ist, leider ohne Erfolg.

Zunächst treten nach dem Abtöten der Fäden durch Aufkochen keine wesentlichen Änderungen der Doppelbrechung auf. Will man durch Einbringen der Fäden in Rohrzuckerlösungen die Membranen entspannen, so lassen sich die Messungen nicht mehr einwandfrei durchführen, da die Querwände im polarisierten Licht infolge von Schrumpfungen schlecht erkennbar werden. — Auch auf Stäbchendoppelbrechung konnte nicht näher geprüft werden, da viele Imbibitionen mit Flüssigkeiten von größerem Brechungsexponenten als dem des Wassers mißlangen.

2. *Optik der Längswände.*

Schon S. 183 ist angegeben, daß die Längskonturen lebender Fäden von *O. sancta* nur eine sehr schwache Doppelbrechung erkennen lassen. Sie wird aber auch bei starken Vergrößerungen sichtbar, wenn man nur die optische Verdünnung des Lichtes durch hinreichend grelle Beleuchtung ausgleicht. Zwischen gekreuzten Nikols erscheint der feine, leuchtende Saum nur in der Diagonalstellung. In der Orthogonalstellung herrscht Dunkelheit auch für die Längswände. Damit wird wahrscheinlich, daß die Achsen des Indexellipsoids annähernd parallel oder senkrecht zur Fadenrichtung verlaufen. Ganz sicher kann man diese Frage nicht beantworten, weil die Doppelbrechung dazu zu gering ist.

Es ist nun zu entscheiden, ob diese Doppelbrechung der Längswände durch die Membranen oder durch den Schleim verursacht wird. Der Schleimfaden, der als schwanzartiger Anhang am Oscillarienfaden auftritt, leuchtet nämlich in *eingetrocknetem* Zustande *stark* auf, ebenso wie die Längswände unter solchen Umständen. Die Auslöschung tritt genau in der Orthogonalstellung ein. Im Leben und in Wasser ist aber bei gekreuzten Nikols keine Spur vom Schleime zu sehen. Ebenso kann man mit Rot I keinerlei Farbänderung bemerken. Im getrockneten Zustande dagegen erscheinen die Schleimstränge in Subtraktionslage deutlich blau (Blau I), in Additionslage deutlich gelb (Gelb I). Das Indexellipsoid kommt also mit seiner Längsachse senkrecht zur Schleimspurrichtung zu liegen. Somit kann auf optischem Wege keine Anisotropie des Schleimes in anderer Richtung nachgewiesen werden, als sie durch die Fadenrichtung und senkrecht dazu gegeben ist. Diese Art der Doppelbrechung ist vielen Kolloiden eigen, wenn sie eintrocknen. *Damit entbehren* FECHNERS *Annahmen einer anisotropen Verquellung des Schleimes schräg zur Fadenachse bei meinem Objekt jeder experimentellen Grundlage.*

Die Tatsache, daß in Wasser der am Fadenende oder an der Fadenspitze als Wulst vorhandene Schleim keine Doppelbrechung besitzt, macht bereits sehr unwahrscheinlich, daß die schwache Doppelbrechung der Längskonturen durch den Schleim bedingt wird. Betrachten wir nun nochmals die mit Pepsin-HCl-Verdauung gewonnenen Präparate (vgl. die Abb. 14). Dabei zeigt sich die Längswand völlig isotrop. Die mikrochemische Untersuchung hat ergeben, daß sie aus zumeist als isotrop bekannten Substanzen besteht. Da es sich bei den Beobachtungen an lebenden Fäden in Wasser um keinen Irrtum handeln kann, wie verschiedene Kontrollen der Polarisationseinrichtung beweisen, bleibt nur die Annahme übrig, daß es sich dabei um sogenannte akzidentelle Doppelbrechung handelt. Sie müßte dadurch zustande kommen, daß zumindest in lebendem Zustande der Binnendruck die Membran elastisch dehnt. Nach Entspannung durch Pepsin-HCl-Verdauung der Protoplasten ist sie verschwunden.

Diese Folgerung läßt sich weiterhin experimentell bestätigen. Auf osmotischem Wege in 50%iger Rohrzuckerlösung verkürzte Fäden zeigen in Diagonalstellung keine Spur eines verstärkten Aufleuchtens der Längskonturen. Dafür treten aber in den stark geschrumpften Zellen an den

Rändern der Protoplasten prächtig smaragdgrün leuchtende Längszonen auf. Es ist unmöglich, die Entspannung der Längsmembran durch verschieden starke Rohrzuckerlösungen nur gerade aufzuheben, weil die Erscheinungen der Doppelbrechung schon an und für sich schwach sind und dabei immer weiter abnehmen. Eine scharfe Grenze konnte bei keiner Lösung gezogen werden.

Einfaches Abtöten der Fäden durch Aufkochen bringt die schwache Doppelbrechung der Längswände noch nicht zum Verschwinden. Demnach ist die Membranspannung nicht ausschließlich durch den Lebenszustand der Zellen bedingt. Das geht auch aus den bekannten Schrumpfungserscheinungen beim Eintrocknen hervor, die ja bei erneuter Wasserzufuhr rückgängig gemacht werden, obwohl in vielen Fällen die Fäden abgestorben sind (vgl. insbes. auch HANSGIRG 1882). Ich kann sie für *O. sancta* bestätigen. Fäden, die mehrere Stunden eingetrocknet waren, können übrigens nach erneutem Befeuchten zunächst quellen und dann die Beweglichkeit in manchen Fällen wieder erhalten.

Vergleiche der Beobachtungen über das optische Verhalten der Membranen mit denen Heglers an anderen Arten.

HEGLER hat an Zellmembranen von Cyanophyceen ebenfalls Doppelbrechungserscheinungen beobachtet. Beispielsweise hat er *Oscillatoria limosa* untersucht und gefunden, daß die längere Achse des Indexellipsoids der Längswände in der Längsrichtung, die der Quersepten in der Richtung senkrecht zur Fadenachse liegt. Diese Beobachtungen scheinen mit dem von mir an *O. sancta* beschriebenen zunächst in Widerspruch zu stehen. Wollen wir die Doppelbrechung der Wände beider Arten vergleichen, so müssen wir von der zusätzlichen Doppelbrechung durch den Zellulosegehalt in den Quersepten der *O. sancta* abstrahieren. In diesem Falle ergibt sich für beide Arten eine gleiche Lage der Indexellipsoide, wenn man die erhöhte spezifische Doppelbrechung der Quersepten nach der Pepsin-HCl-Verdauung (vgl. S. 189) auf das Konto einer vorher subtraktiv wirkenden akzidentellen Doppelbrechung setzt. Von *Nostoc sphaericum* und *Calothrix scopulorum* gibt HEGLER auf S. 287 zwei Figuren, wo die Indexellipsoide der Wände in den Heterocysten eingezeichnet sind. Hier ist Zellulose nach den KLEINschen Untersuchungen anzunehmen. Für diese Zellen stellt nun auch HEGLER fest, daß die lange Achse der Indexellipsen *dort* in der Fadenrichtung liegt wo sie an die Nachbarzellen grenzen. Damit ist wahrscheinlich gemacht, daß bei Arten ohne Zelluloseeinlagerungen in den Membranen die akzidentellen Doppelbrechungserscheinungen besonders gut festzustellen sein werden. Leider habe ich *O. jenensis* infolge Materialmangels nicht mehr daraufhin untersuchen können.

IV. Akzidentelle Doppelbrechung und Wellenbeobachtung.

Bereits vor der Klärung des Doppelbrechungscharakters der Membranen hatte ich beobachtet, daß gut bewegliche *O. sancta*-Fäden in Diagonalstellung an der Längswand Unstetigkeiten der Doppelbrechung erkennen ließen, die nur bei Anwendung von Gips Rot I und besonders bei einer Fadenlage durch die +-Quadranten deutlich bemerkbar waren. Ich mußte dazu schwache Vergrößerungen benutzen und genügend hell beleuchten, sowie jede Kondensorlinse ausschalten. Ich deutete diese Erscheinungen zunächst wie die, die ich auf S. 169 näher beschrieben habe. Es waren alle Bedingungen erfüllt, unter denen dieser Irrtum auftreten konnte.

Beim Vergleich des Verhaltens abgetöteter und normal beweglicher Fäden fiel auf, daß nur die letzteren diese Erscheinung zeigten. Das „Welligwerden" der Außenkonturen trat aber erst nach längerer Zeit in frischen Präparaten ein. Anfangs war nichts davon zu beobachten. Damit stimmte überein, daß man nach der Herstellung frischer Präparate einige Zeit warten muß, bis Bewegungen eintreten, und daß damit eine Fadenverkürzung parallel läuft. Nur Messungen konnten über die richtige Deutung dieser Erscheinungen Aufschluß geben.

Es lassen sich die Durchgänge dieser rhythmisch den Faden entlang laufenden Änderungen durch das Fadenkreuz des Okulars mit der Stoppuhr bestimmen. So fand ich am 25. XI. 1928 an verschiedenen Fäden pro Durchgang 2,25—2,75 Sekunden.

Da die Erscheinungen sehr schwach zu bemerken sind, legte ich zwei nicht eingeweihten Beobachtern lebende und tote Fäden in der beschriebenen Stellung vor. Beide fanden den auch von mir beobachteten Unterschied heraus. Der eine bestimmte dann bei 19⁰ C:

Vorankriechende Fadenspitze: Je 10 Durchgänge in 18,8; 19,1; 19,3; 18,6; im Mittel 1,9 Sekunden.

Nachkriechendes Fadenende desselben Fadens: 10 Durchgänge in 19,2; 17,9; 18,4; 17,8; im Mittel 1,83 Sekunden.

Der gleiche Beobachter bestimmte später bei 17⁰ C:

Vorankriechende Spitze: 10 Durchgänge in 20,6; 21,0; 20,8 Sekunden, im Mittel 2,08 Sekunde pro Durchgang.

Fadenmitte: 10 Durchgänge in 20,6; 21,1; 21,0; 20,8 Sekunden, im Mittel 2,09 Sekunden pro Durchgang.

Nachfolgendes Fadenende: 10 Durchgänge in 22,2; 21,9; 21,8; 22,1 Sekunden, im Mittel 2,2 Sekunden pro Durchgang.

Ich selbst bestimmte bei 16⁰ C an einem anderen Tage nur am Hinterende eines *O. sancta*-Fadens für 10 Durchgänge der Erscheinung durch das Fadenkreuz: 20,0; 20,8; 20,3; 20,5; 20,5 Sekunden, im Mittel 20,4 Sekunden. Dazu war zwischen je 10 Durchgängen die Geschwindigkeit der Fadenfortbewegung in Okularteilstrichen: 5,5; 4,75; 4,5; 5,0; 4,75 pro

Minute, im Mittel 4,90 Okularteilstriche (1 Okularteilstrich = 10,4 μ Objektiv 2, Okular 2, SEIBERT).

Es ist anzunehmen, daß man bei solchen Beobachtungen den verschiedenen Dehnungsgrad der Längsmembran durch eine Änderung des Farbtones erkennt. Die Membranen müssen sich im Verlaufe eines Wellendurchganges in verschiedenem Dehnungszustande befinden. Die Zeit, in der eine Welle nach diesen Beobachtungen die ruhende Marke passiert, stimmt mit der Schwingungsdauer τ' gut überein, wie sie sich aus den Filmaufnahmen ergeben hat. Dadurch gewinnt die Deutung der Beobachtungen an Wahrscheinlichkeit, wie auch umgekehrt die angenäherte Bestimmung von τ' an den Filmaufnahmen mit dem Stereoskop eine Bestätigung erfährt.

Leider kann man nicht allein durch Beobachtungen im Polarisationsmikroskop λ und τ der wahren Welle im Faden bestimmen, da hierzu die Längenmessung der Welle fehlt. Obwohl es mir bisher noch nicht gelungen ist, diesen Mangel zu beseitigen, versuche ich doch weiterhin unter neuen Gesichtspunkten, eine Untersuchungsmethode auszubauen.

Zusammenfassung.

Im Anschluß an die Untersuchungen über die Bewegungen von *Beggiatoa mirabilis* sind Untersuchungen von *Oscillatoria sancta* (var. *caldariorum*?) ebenfalls durch stereoskopische Betrachtung von Filmbildern durchgeführt worden. Es hat sich dabei gezeigt, daß die benutzte Methode eine weitgehende Analyse des Wellenverlaufes in kriechenden Fäden erlaubt. Das Untersuchungsverfahren wird an Hand aufgenommener Stereokurven theoretisch entwickelt und praktisch erläutert. Dabei ergibt sich, daß die Länge einer Welle durchschnittlich 6,5 Zellen (= etwa 25 μ) umfaßt. Die mittlere Schwingungsdauer der Welle beträgt etwa 1,9 Sekunden bei etwa 20° C. Die Fortpflanzungsgeschwindigkeit der Wellen im Faden steht zur Fortbewegungsgeschwindigkeit des Fadens selbst in keiner einfach zu durchschauenden Beziehung. Verkürzung und Verlängerung der Zellen erstrecken sich über verschieden lange Zeitabschnitte.

Zur Charakterisierung der Natur der vorhandenen Longitudinalwellen ist eine schematische Einteilung sämtlicher Möglichkeiten unter dem Gesichtspunkte des Verhaltens der Zellvolumina durchgeführt worden, wobei hauptsächlich volumkonstante „Transformationswellen" und voluminkonstante „Variationswellen" unterschieden werden. Bei Annahme von Transformationswellen müssen sich Richtungsänderungen im Verlauf der Außenkontur kriechender Fäden ergeben, die dicht an der Grenze der Sichtbarkeit liegen. Da man normalerweise keine „Transversalwellen" beobachten kann, ist mit Erfolg auf verschiedenen physikalischen und physiologischen Wegen versucht worden, diese nachzuweisen. Ihre Amplitude ist sehr klein; sie muß zwischen 0,24 und 0,03 μ liegen. Daraus ergeben sich Schwankungen des Fadendurchmessers um 0,06 bis

MIX
Papier aus verantwortungsvollen Quellen
Paper from responsible sources
FSC® C105338

If you have any concerns about our products,
you can contact us on
ProductSafety@springernature.com

In case Publisher is established outside the EU,
the EU authorized representative is:
**Springer Nature Customer Service Center GmbH
Europaplatz 3, 69115 Heidelberg, Germany**

Printed by Libri Plureos GmbH
in Hamburg, Germany